R. I. Orazbayeva
D. N. Kadyrova
S. S. Rakhimkhodjaev

Conceção de tecidos de fantasia e sua tecnologia

R. I. Orazbayeva
D. N. Kadyrova
S. S. Rakhimkhodjaev

Conceção de tecidos de fantasia e sua tecnologia

ScienciaScripts

Imprint

Cover image: www.ingimage.com

This book is a translation from the original published under ISBN 978-620-7-48431-7.

Publisher:
Sciencia Scripts
is a trademark of
Dodo Books Indian Ocean Ltd. and OmniScriptum S.R.L publishing group

120 High Road, East Finchley, London, N2 9ED, United Kingdom
Str. Armeneasca 28/1, office 1, Chisinau MD-2012, Republic of Moldova, Europe
Managing Directors: Ieva Konstantinova, Victoria Ursu
info@omniscriptum.com

Printed at: see last page
ISBN: 978-620-8-36998-9

Conteúdo

Anotação

*O trabalho é dedicado à conceção com propriedades específicas e à tecnologia de produção de tecidos para fatos. O critério de avaliação da estrutura do tecido é a permeabilidade ao ar, que determina a avaliação quantitativa e qualitativa da estrutura do tecido. Desenvolve-se a técnica de conceção de tecidos de vestuário (fato) de acordo com a permeabilidade ao ar determinada, em particular o coeficiente de permeabilidade ao ar, a percentagem de área de tecido não preenchida e preenchida com material fibroso, o número médio de fios (densidade linear), a densidade do tecido e a equação da permeabilidade ao ar para o tecido determinado são determinados. A diferença entre os valores experimentais da permeabilidade ao ar e os valores calculados da equação para um determinado tecido é de 16%, o que se deve à trama do tecido, à composição, ao tipo e à torção do fio. Propõe-se a equação do coeficiente de permeabilidade ao ar do tecido de estrutura quadrada, tendo em conta a soma do numerador e do denominador da fração das tramas principais. É efectuada a investigação dos parâmetros estruturais do tecido de estrutura quadrada em função da trama, da permeabilidade ao ar e da densidade superficial do tecido. Foi determinado que o aumento do número de fios no relatório do tecido quadrado e a permeabilidade ao ar diminuem os valores do número médio de fios e da densidade do tecido. E para a permeabilidade ao ar há uma invariabilidade dos valores de parâmetros como o coeficiente de permeabilidade ao ar, a percentagem de área descoberta do tecido e a densidade relativa do tecido. Foi desenvolvida a técnica de análise dos parâmetros do tecido de estrutura quadrada para amostras experimentais de tecido. Foram determinados os parâmetros dos tecidos de estrutura quadrada, tais como a densidade relativa do tecido, a percentagem de área descoberta do tecido, o coeficiente de permeabilidade ao ar, a pressão e o índice de permeabilidade ao ar. O aumento do rácio de torção do fio no sistema métrico aumenta a percentagem da área descoberta do tecido, o coeficiente de permeabilidade ao ar e a permeabilidade ao ar do tecido de ponto quadrado, enquanto diminui a densidade relativa do tecido e o índice do grau de pressão. A intensidade de produção da tecelagem quadrada no tear com a trama 1/1 (sobreposições curtas) é mais elevada em relação às tramas 1/2,1/3 e 1/4 (sobreposições longas). A densidade da superfície do tecido, a taxa de enchimento do tecido (FFR) e o coeficiente de coesão do tecido (**FCR**) da estrutura quadrada aumentam com o aumento da torção do fio. Foram efectuados estudos comparativos do tecido de fato padrão e desenvolvido com base nas suas caraterísticas estruturais e propriedades físicas e mecânicas. Foram desenvolvidos os parâmetros óptimos de produção do tecido com a*

ajuda do RCCE: tensão dos fios principais - 20 cN (por 1 fio); valor do couro cabeludo - 15 mm; posição do couro cabeludo em relação ao peito - (+25) mm. Com estes valores de parâmetros, a rutura dos fios principais não excederá 0,05 rupturas por 1 m. Além disso, esta combinação de parâmetros tecnológicos permite preservar melhor as propriedades de resistência do fio no tecido. A combinação óptima de misturas de fibras para o tecido do fato na trama, como o bambu 90% e a lã 10%, é comprovada. São apresentadas as vantagens do tecido inovador para fatos em termos de densidade superficial, respirabilidade, resistência à abrasão, resistência à tração, alongamento e absorção de humidade.
Palavras-chave: tecido, fios, tensão, design, respirabilidade, bambu, lã, coeficiente, trama, densidade, metodologia, equações, estrutura.

CARACTERIZAÇÃO GERAL DO TRABALHO

Em todo o mundo, são efectuados trabalhos de investigação para melhorar a técnica e a tecnologia de produção de produtos de qualidade acabados, para criar a sua base científica. Neste sentido, é dada muita atenção à criação de tecnologias eficazes que melhorem a qualidade e a competitividade dos têxteis, ao desenvolvimento de métodos para otimizar a produtividade têxtil, à criação de meios técnicos e tecnologias de alto desempenho nas empresas têxteis. Ao mesmo tempo, na produção de produtos têxteis de composição diferente, tendo em conta as suas propriedades físicas e mecânicas, a determinação dos seus indicadores de qualidade é uma das questões importantes. Neste contexto, é dada especial atenção ao desenvolvimento do design de acordo com os parâmetros indicados para melhorar as propriedades físicas e mecânicas dos tecidos de fato. Neste contexto, nos EUA, Japão, China, Coreia do Sul, Alemanha, Suíça, Índia, Turquia, Rússia, Uzbequistão e outros países desenvolvidos, é dada especial atenção à melhoria das propriedades físicas e mecânicas dos produtos têxteis de composição diferente e à melhoria da sua qualidade. Por conseguinte, é importante resolver os problemas de preparação do fio, proporcionando uma melhoria adicional das propriedades de consumo dos produtos têxteis. Ao mesmo tempo, para fornecer aos consumidores tecidos de qualidade, uma das questões mais importantes é a criação de produtos competitivos baseados na conceção de tecidos com propriedades específicas de composição diferente e a tecnologia da sua produção.

O objeto da investigação é a estrutura dos tecidos dos fatos e as suas propriedades higiénicas (permeabilidade ao ar).

O objeto do estudo é a metodologia de conceção e os parâmetros de estrutura dos tecidos de fantasia.

O objetivo da investigação é conceber com propriedades específicas e tecnologia de produção de tecidos para fatos.

Objectivos do estudo.

Para responder à tarefa em causa, é apresentado o seguinte:

- Analisar as propriedades dos materiais têxteis de fantasia, como a fibra, o fio e o tecido;
- conceber tecidos de fatos com propriedades específicas através de respirabilidade;
- para desenvolver um tecido de fato inovador;
- para investigar a influência dos parâmetros do fio e do tecido nas propriedades do tecido do fato inovador;
- otimizar o processo de tecelagem na produção de tecidos inovadores para fatos.

Metodologia de investigação. Para resolver as tarefas definidas no trabalho, foi utilizado um método de investigação complexo. Na parte teórica, foram utilizados métodos de geometria analítica no estudo da estrutura dos tecidos. Na parte experimental do trabalho foram utilizados os métodos de planeamento matemático e análise de resultados. O tratamento dos resultados experimentais foi efectuado através do método da estatística matemática. Na parte tecnológica foi utilizada a máquina de tecer "SOMET". Foram utilizados dispositivos normalizados para a determinação das propriedades higiénicas dos tecidos no centro de certificação do TITLP "CentexUz".

A novidade científica do estudo consiste no seguinte:

- A composição das matérias-primas para a produção de tecidos para fatos foi fundamentada;
- É proposto o método de cálculo de um tecido de fato com determinadas propriedades de respirabilidade;
- São desenvolvidas e investigadas variantes de tecidos de fantasia das principais tramas com relação constante e número de transições de fios na teia e na trama;
- foram determinados os parâmetros da estrutura do tecido do fato, foi concebido e desenvolvido um tecido inovador de acordo com os parâmetros indicados respirabilidade;
- foram obtidos os parâmetros tecnológicos óptimos da produção de tecido de fato com base no planeamento central rotativo da composição da experiência de segunda ordem.

Os resultados práticos da investigação consistem no seguinte: foram desenvolvidas amostras de tecidos com bom aspeto, boa permeabilidade ao ar, que possuem uma combinação de propriedades estético-higiénicas e físico-mecânicas, que podem ser recomendadas para a utilização destes tecidos no vestuário. A conceção de tecidos com propriedades específicas de respirabilidade com base na mistura de fios de lã e bambu permite introduzir rapidamente os resultados do trabalho na indústria e resolver o problema da produção de tecidos para fatos, que são muito procurados na República. O desenvolvimento de tecidos inovadores para fatos otimização dos parâmetros tecnológicos de produção destes tecidos permite reduzir a quebra de fios na base e melhorar a qualidade dos tecidos produzidos. A metodologia de conceção de tecidos com determinadas propriedades, bem como os estudos analíticos e experimentais do trabalho, podem ser utilizados no processo educativo ao estudar o curso de estrutura e conceção de tecidos, métodos e meios de investigação de processos tecnológicos, bem como nos fundamentos da investigação teórica e científica.

A validade dos resultados da investigação é confirmada pelos modelos empíricos e matemáticos da técnica e da tecnologia de produção de tecidos de fato, pela coerência dos resultados dos estudos teóricos sobre os critérios de avaliação conhecidos na área temática considerada com os dados dos estudos experimentais. O tratamento dos resultados experimentais foi efectuado com a utilização de computadores. Os erros das medições diretas e indirectas foram calculados utilizando os métodos da estatística matemática, a avaliação da significância dos resultados obtidos foi determinada com um nível de confiança de 0,95.

Importância científica e prática dos resultados da investigação. O significado científico é caracterizado pelo desenvolvimento de uma metodologia para a conceção de tecidos de fatos com uma determinada respirabilidade. Esta metodologia permite a confeção e a produção rápida de tecidos para fatos com despesas mínimas. O significado prático da investigação realizada consiste na otimização do processo, o que permite reduzir a rutura do fio e melhorar a qualidade dos tecidos.

Conteúdo do trabalho

A introdução fundamenta a relevância do tema, formula a finalidade, os objectivos do estudo, mostra a novidade científica e o significado prático do trabalho, a metodologia, a investigação e a aprovação do trabalho.

O primeiro capítulo apresenta uma revisão das fontes bibliográficas dedicadas à investigação da estrutura do tecido e dos parâmetros que influenciam as suas propriedades. A análise das fontes literárias mostra que os trabalhos estão principalmente orientados para a investigação da estrutura do tecido, pelo que a conceção dos tecidos é efectuada com base numa determinada espessura, no enchimento do tecido, na resistência, na ordem das fases da estrutura do tecido, nas densidades lineares dos fios. A estrutura dos tecidos de vestuário e a sua conceção são insuficientemente estudadas, em particular, a conceção de tecidos de vestuário por permeabilidade ao ar é de importância atual. Na produção de tecidos para fatos, a influência dos factores de tecelagem na estrutura do tecido é insuficientemente estudada.

O segundo capítulo é dedicado ao estudo das propriedades dos materiais têxteis, onde são apresentadas as caraterísticas e propriedades das fibras, fios e tecidos. O conforto do vestuário é determinado pela sua capacidade de proporcionar condições para uma troca de calor óptima entre o corpo e o ambiente. Os critérios de avaliação neste caso são as caraterísticas do estado da camada de ar por baixo do vestuário. Ao considerar a troca de ar em relação ao vestuário, existem duas formas possíveis de este processo ocorrer. A primeira é através das áreas expostas da peça de vestuário, como o pescoço, o fecho, a manga, etc. A segunda é diretamente através dos materiais da peça de vestuário. A segunda via é diretamente através dos materiais da peça de vestuário. A intensidade do processo, no primeiro caso, é determinada pela construção da peça de vestuário e, no segundo caso, pela respirabilidade dos tecidos. O estudo da influência da geometria das fibras na permeabilidade ao ar em materiais têxteis mostra que, nestes materiais, as caraterísticas das fibras desempenham um papel dominante. Ou seja, o principal elemento da estrutura de permeabilidade ao ar é a fibra. A capacidade de filtração dos materiais é condicionada em correlação com a alteração de uma das cinco caraterísticas da fibra - forma da secção transversal, densidade linear, rugosidade da superfície, tortuosidade, comprimento dos fios. Com base na análise dos dados obtidos, pode afirmar-se que a eficiência da filtração é melhorada: pela utilização de fibras com uma forma de secção transversal não circular; pela utilização de fibras torcidas em comparação com fibras não torcidas; pela utilização de fibras mais finas em comparação com fibras mais grossas. A medida em que a composição das fibras dos materiais afecta a permeabilidade ao ar depende da sua porosidade. À medida que a porosidade aumenta, a importância da composição das fibras como fator de permeabilidade ao ar diminui. A influência da composição das fibras dos tecidos e malhas na sua permeabilidade ao ar aumenta nos casos de alterações na estrutura dos materiais que conduzem a uma redução dos poros entre os fios. Nos casos em que a porosidade entre os fios (o inverso do volume de enchimento) é suficientemente elevada, bem como no caso de uma maior suavidade dos fios, os factores predominantes da permeabilidade ao ar, independentemente da composição da fibra, são as caraterísticas da estrutura dos materiais. A partir da análise das caraterísticas das matérias-primas, conclui-se que é conveniente utilizar misturas de fibras representadas de lã e bambu, algodão, linho e poliéster para a produção de tecidos para fatos. É apresentada uma estimativa da resistência do fio a partir de misturas multicomponentes. Para este efeito, considera-se uma mistura de fios constituída por dois componentes com propriedades geométricas e de resistência diferentes, partindo do princípio de que as fibras no fio estão uniformemente distribuídas. As fibras estão dispostas em linhas helicoidais com um passo constante, sendo o passo da linha helicoidal independente do raio atual do fio, numa camada cilíndrica arbitrária removida a uma distância arbitrária do eixo do fio, as fibras de todos os componentes têm a mesma tensão. A deformação de cada componente através da tensão ***T é*** expressa pela fórmula

$T_i / E_i F_i$ (i=1,2), em que $E_i F_i$ é a rigidez dos componentes. A partir da condição de igualdade

as deformações devem $\frac{T_1}{E_1F_1} = \frac{T_2}{E_2F_2}\varepsilon_0 cos\theta T_1$ (2.1)

em que cos θ é o valor médio do ângulo cosseno sobre a secção transversal, tomamos 0,95

A partir da condição de equilíbrio, encontramos a tensão total de cada componente T_i, $T_1+T_2 = P\cos\theta$ (2.2)

A resistência de uma mistura de fios é determinada pelo valor da força máxima ***P*** com que as fibras do fio se separam. A força mais elevada ocorre no componente mais rígido e, após o seu desprendimento, há uma redistribuição da tensão entre os componentes e, se o componente mais deformável suportar a carga juntamente com a força de fricção bloqueada, a resistência do fio aumenta. Vamos aplicar este método de determinação da resistência do fio a dois tipos de misturas constituídas por dois

componentes.

1 tipo de mistura constituída por poliéster (50%) e lã (50%) Denotemos por $E_p F_p$, e Esh B_{sh}, respetivamente as rigidezes do poliéster e da lã, E_p, e E_{sh} os módulos de Young em tensão,

$$F_p = \sqrt{\bar{T}_p/\rho_p}, \quad F_{\text{ш}} = \sqrt{\bar{T}_{\text{ш}}/\rho_{\text{ш}}},$$

ppDensidade linear *T* e *Tsh dos* componentes *p* e *psh* as suas densidades nos cálculos assumimos

paap[33]*E = 4* - 109P , *Esh = 3* - 109P , Tp = 1,2 - 10-6 kg/m, Tsh = 4,5 - 10-6 kg/m, *p = 1,32* - 103 kg/m , *psh = 1,38* - 103 kg/m , PPIII шmm Assim temos E F = 363 cH, E F = 978 cH, dos cálculos resulta que a maior rigidez da mistura é igual a E F = 978cH. ppFórmula (2) tendo em conta (1), apresentemo-la sob a forma P = 0,5 * *P* = 0,5% *cosP Esh Esh* (1 + *E E /EshEsh)*

*0*Assumimos *que EshEsh = P0* (Po - força de desprendimento determinada experimentalmente). A partir de experiências, temos P0 = 489cN. Em seguida, para a força da mistura, obtemos P = 335,13cN.

2 tipo de mistura constituída por bambu (90%) e lã (10%). ь[9] *p*[3]Para o bambu, tomamos E = 1,5-10 Pa, % = 1,2 - 10-6 kg/m, *p* = 1,5 - 103 kg/m , EbFb = 232 cH. mA resistência será P = P0 (0,9 + 0,1Eb Fb/Eb F) = 447,7 cH. A partir dos cálculos, verifica-se que, para o primeiro tipo de mistura, a resistência da mistura é muito inferior às forças de rotura P0 = 489cH. Para o segundo tipo de mistura, a resistência é ligeiramente diferente da resistência admissível, o que indica a influência do bambu. No nosso caso, são consideradas variações de diferentes misturas de lã e bambu. O estudo do efeito da geometria da fibra na permeabilidade ao ar em materiais têxteis mostra que as caraterísticas da fibra desempenham um papel dominante nestes materiais. Ou seja, o principal elemento da estrutura para a permeabilidade ao ar é a fibra. A capacidade de filtração dos materiais é condicionada em correlação com a alteração de uma das cinco caraterísticas da fibra - forma da secção transversal, densidade linear, rugosidade da superfície, tortuosidade, comprimento dos fios. Com base na análise dos dados obtidos, pode afirmar-se que a eficiência da filtração é melhorada: pela utilização de fibras com uma forma de secção transversal não circular; pela utilização de fibras torcidas em comparação com fibras não torcidas; pela utilização de fibras mais finas em comparação com fibras mais grossas. A medida em que a composição das fibras dos materiais afecta a permeabilidade ao ar depende da sua porosidade. À medida que a porosidade aumenta, a importância da composição das fibras como fator de permeabilidade ao ar diminui. A influência da composição das fibras dos tecidos e malhas na sua permeabilidade ao ar aumenta nos casos de alterações na estrutura dos materiais que conduzem a uma redução dos poros entre os fios. Nos casos em que a porosidade entre os fios (o inverso do volume de enchimento) é suficientemente elevada, bem como quando a lisura dos fios é aumentada, os factores dominantes da permeabilidade ao ar, independentemente da composição da fibra, são as caraterísticas da estrutura dos materiais. O quadro 2.1 apresenta algumas caraterísticas das fibras descontínuas da lã e do linho de bambu, do algodão e do poliéster (lavsan). A lã é o pelo dos animais que pode ser transformado em fio (quadro 2.1). As fibras de lã repelem a sujidade e são fáceis de limpar. Resistência ao calor - (capacidade de reter o calor) é uma das propriedades mais conhecidas e preferidas da lã. A lã tem as propriedades mais elevadas de retenção de calor. Esta ação deve-se à composição das suas fibras para ligar o calor e retê-lo entre as fibras. Não existe outra fibra como esta na natureza. A higroscopicidade mais elevada é de 18-25%. Absorve a humidade do ambiente, mas, ao contrário de outras fibras, absorve e liberta a humidade lentamente, permanecendo seca ao toque. Incha fortemente na água. A fibra humedecida num estado esticado pode ser fixada por secagem; quando voltar a ser humedecida, o comprimento da fibra é novamente restaurado. Boa solidez à luz. Boa capacidade de estiramento. Boa elasticidade - não resistente ao enrugamento.

Tabela 2.1.

Caraterísticas das fibras descontínuas de lã e bambu, linho, algodão e poliéster.

Nome	Indicadores				
	Poliéster	Algodão	Lã	Len	Bambu
Gama de números métricos de fibras (militex) a processar	1200 (840) - 6000 (170)	4500(220)- 9500 (105)	4500(220)- 9500 (105)	900(1100) 2700 (380)	1500 (680) - 6000 (170)
Gravidade específica, *g/cm3*	1,38	1,50-1,52	1,32	1,43-1,50	1,50-1,53
Teor de humidade de equilíbrio (em %) da fibra à humidade ambiente: 65% 95%	0,4-0,5 0,5-0,7	7,0-8,0 24-27	15-17 38-40	13 13	12,8-13,4 27-33
Comprimento de rotura em condições condicionadas, *km*	32-40	22-44	8,4-13,1	55-80	15-23
Resistência à tração, *kg/mm^2*	44,2-55,2	33,4-67,0	15,8-19,8	82,5-120,0	22,8-35,0
Resistência relativa, gs/tex	32-40	25-35	20-30	60-70	32-40
Resistência relativa, %: em estado húmido	98,5-100	110-120	80-90	100,0	98,0 - 100,0
Alongamento de rotura, %: em condições condicionadas húmido	40,0-60,0 40,5-61,5	10,0-12,0 11,0-13,0	25-40 30-60	2,0-2,5 2,5-2,9	40,0-60,0 40,0-60.0
Retração após tratamento	2,7-12,3	-	1,5	-	2,6-6,0

a húmido, %					
Módulo de tração, *kg/mm²*	-	500-550	340-360	3000-5000	300-650
Grau de elasticidade (em %) em tração: 4% a 10%	- -	- -	78 71	- -	34,5-43,0 28,8-33,0
Elasticidade da massa de fibras (ângulo de recuperação elástica após remoção da carga de compressão), *graus*: após 3 min após 60 min	102 - 105 107 - 110	74-79 85-89	114-120 121-126	- -	68-70 83-85
Resistência à flexão repetida, número de ciclos a uma tensão de 10 *kg/mm²*	21300 30000	40000-50000	-	-	7000 16000
Resistência à irradiação ultravioleta (perda de resistência após 20 horas de irradiação), %	-	50 (após 940 horas de exposição solar)	50 (após 1120 horas de exposição solar)	50(após 1000 horas de exposição solar)	20,0-35,0
Áreas de temperatura, oC amolecimento-fusão cristalização	235-255 220-210	Destrói a 1600	oooTorna-se frágil a 100, decompõe-se a 130, carboniza-se a 250 - 300°	oooTorna-se frágil a 100, decompõe-se a 130, carboniza-se a 250 - 300°	Não derrete
Capacidade térmica, *cal/g - deg.*	0,320	-	-	-	0,320
Resistência à temperatura, %: a +1400 perda de resistência variação do alongamento	- 32-44 50-100	- - -	19-28 40 44	19-28 40 44	10-15
Duplo poder refrativo	0,17-0,22	-	0,010-0,011	0,010-0,011	-

O bambu é uma planta herbácea de climas quentes, cuja principal caraterística é a sua elevada taxa de crescimento e a sua despretensão. Ao contrário do algodão, não esgota o solo e não necessita de tratamento químico durante o cultivo. Além disso, esta erva de crescimento elevado tem muitas propriedades úteis e a sua composição contém muitas substâncias valiosas que contribuem para a saúde. O processamento mecânico do bambu consiste na trituração e no tratamento enzimático, resultando em fibras de até 15 cm de comprimento. Estas fibras algo rugosas são designadas por "linho de bambu", são amigas do ambiente e as fibras mais saudáveis que existem. O processo tradicional de produção de viscose envolve um tratamento com álcalis ou enxofre de carbono, que é rápido e bastante barato. O material obtido desta forma é designado por "viscose de bambu" ou "rayon de bambu"; é mais frequentemente encontrado, especialmente em misturas com algodão. A fibra de bambu é um fio fofo com um grande número de cavidades. É muito forte, tem muito boas propriedades de isolamento térmico, é permeável ao ar e pode absorver grandes quantidades de água, e quando tingida, as cores são brilhantes e saturadas (Quadro 2.2). É importante notar que a fibra de bambu mantém as suas propriedades ecológicas durante a eliminação: a fibra de bambu descartada decompõe-se como os resíduos vegetais sem poluir o ambiente. O quadro 2.2 mostra os efeitos da humidade ambiental no teor de humidade de equilíbrio dos fios de lã, bambu, linho, algodão e fibras de poliéster.

Tabela 2.2.

Efeito da humidade ambiente no teor de humidade de equilíbrio de fios de lã, bambu, linho, algodão e fibras de poliéster.

№	Nome	Humidade de equilíbrio, %				
		Poliéster	Algodão	Lã	Len	Bambu
1.	Humidade ambiente a 65%.	0,5	8	17	13	13,4
2.	95% de humidade ambiente.	0,7	27	40	13	33

Na Fig. 2.1, o eixo das abcissas corresponde à humidade ambiente em percentagem (%) e o eixo das ordenadas ao teor de humidade de equilíbrio do fio em percentagem (%). A análise da Fig. 2.1 mostra que o teor de humidade de equilíbrio da fibra de poliéster é de 0,5% a 65% de humidade ambiente e de 0,7% a 95% de humidade ambiente. Para a fibra de algodão, o teor de humidade de equilíbrio é de 8% a 65% de humidade e de 27% a 95% de humidade. O teor de humidade de equilíbrio é de 13% para a fibra de linho a 65% e 95% de humidade ambiente. O teor de humidade de equilíbrio é de 13,4% para a fibra de bambu a 65% de humidade ambiente e o teor de humidade de equilíbrio é de 33% a 95% de humidade ambiente. O teor de humidade de equilíbrio é de 17% para a lã a 65% de humidade ambiente e é um teor de humidade de equilíbrio de 40% a 95% de humidade ambiente.

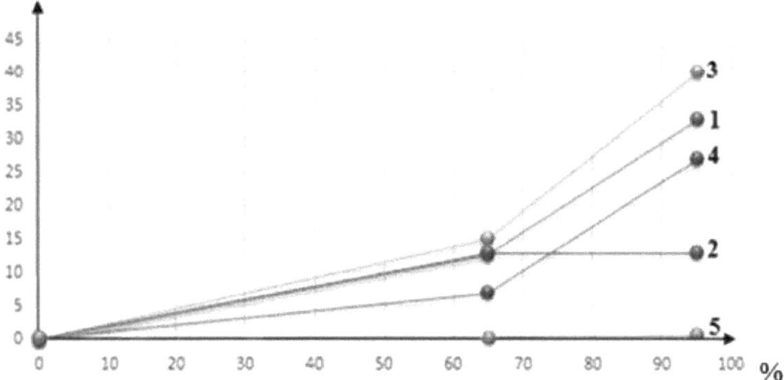

Figura 2.1. Gráfico do efeito da humidade ambiente (%) sobre o teor de humidade de equilíbrio (%) em fios de 1- bambu; 2- linho; 3- lã; 4- algodão; 5-poliéster.

Na Fig. 2.2, o eixo das abcissas corresponde ao alongamento do fio na rotura em percentagem (%) e o eixo das ordenadas à resistência relativa à rotura do fio em gs/tex.

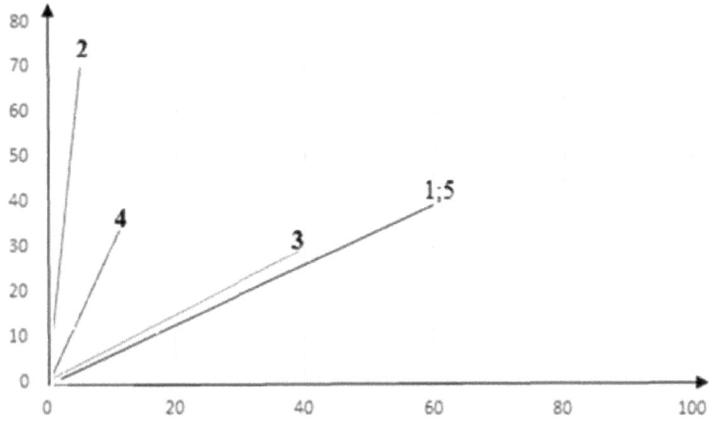

Figura 2.2. Gráfico do efeito do alongamento de rotura do fio na resistência relativa à rotura do fio em que: 1-bambu; 2-linho; 3-lã; 4-algodão; 5-poliéster.

A análise da Fig. 2.2 mostra que o alongamento de rutura a 60% para o poliéster e o bambu tem uma resistência relativa do fio de 40 gs/tex. Para a lã, com um alongamento de rutura de 40%, a resistência relativa é de 30 gs/tex. Para o algodão, com um alongamento de rutura de 12%, a resistência relativa é de 35 gs/tex. Para o fio de linho com um alongamento de rotura de 2,5%, a resistência relativa é de 70 gs/tex. Com base na análise das propriedades das matérias-primas, é conveniente utilizar misturas de fibras de lã e de bambu, de algodão, de linho e de poliéster na produção de tecidos para fatos. O documento considera diversas variantes de tecidos de mistura de lã e bambu.

O quadro 2.3 apresenta as propriedades físicas e mecânicas de fios como o bambu artificial, a lã, a viscose, o algodão e o poliéster.

Tabela 2.3.

Desempenho físico-mecânico dos fios.

Nome dos indicadores	Bambu artificial	Lã	Viscose	Algodão	Poliéster
Resistência relativa, cH/tex	40-42	11-13	22-26	20-24	55-60
Alongamento, %	14-16	25-30	20-25	7-9	25-30
Resistência relativa à humidade, cH/tex	34-38	8-10	10-15	26-30	54-58
Alongamento em estado húmido, %	16-18	27-35	25-30	12-14	25-30

A análise do quadro 2.3 mostra que, em estado seco e húmido, a resistência relativa do fio de bambu é quatro vezes superior à do fio de lã, sendo apenas inferior à do fio de poliéster.

A Tabela 2.4 mostra as propriedades físicas e mecânicas do fio misturado de bambu e lã em diferentes combinações.

Tabela 2.4.

Parâmetros físico-mecânicos do fio misturado de bambu e lã.

№	Percentagem de investimento de bambu em lã para fios	Resistência à rutura, N	Alongamento, %	Absorção de humidade, %
1	Bambu:lã-90:10%	260	24	77
2	Bambu:lã-70:30%	220	21	74
3	Bambu:lã-50:50%	200	20	70
4	Bambu:lã-30:70%	190	19	68
5	Bambu:lã-10:90%	170	17	67

A análise do Quadro 2.4 mostra que, com o aumento da percentagem de inclusão de bambu na lã, os parâmetros físicos e mecânicos do fio misturado de bambu e lã aumentam a resistência à rutura em 35%, o alongamento em 3% e a absorção de humidade em 13%.

Nos tecidos mistos com predominância de bambu, há que ter em conta elevado respeito pelo ambiente da matéria-prima; excelentes qualidades higiénicas e de saúde; hipoalergénico; elevada durabilidade e, ao mesmo tempo, suavidade, elasticidade e respirabilidade; a fibra de bambu ecológica mata num dia até 70% das bactérias em contacto com ela, e este efeito dura até 5 lavagens; o vestuário que contém bambu retém até 100% da radiação ultravioleta; o vestuário é muito agradável ao toque, nunca causa arranhões e irritações e promove a sua cicatrização; tem uma maior capacidade de absorver água e odores desagradáveis; praticamente não enruga, é bem lavado e mantém uma aparência atractiva e propriedades de consumo até 500 lavagens. Assim, com este tipo de vestuário é impossível suar e sobreaquecer, protege de forma fiável do frio e do sol, elimina irritações alérgicas e outras e, ao mesmo tempo, é suficientemente durável e confortável de usar. Uma seleção especial de tecidos para fatos contribui para a criação de uma imagem tão fiável do fato. É claro que não estamos a falar de quaisquer propriedades de resistência ao impacto destes tecidos, mas a norma estatal para os tecidos de fatos contém uma lista extensa de indicadores que estes devem cumprir. Os tecidos para fatos não têm uma composição estritamente definida e são constituídos por fibras naturais e químicas. O requisito de segurança das matérias-primas sintéticas, corantes e outras substâncias químicas utilizadas no fabrico de tecidos para fatos de homem é obrigatório. Sem regular a composição dos tecidos para fatos, a norma estatal define requisitos obrigatórios para as suas propriedades. Um dos parâmetros mais importantes que determinam as propriedades operacionais do tecido é a durabilidade, que proporciona fiabilidade do tecido durante toda a vida útil do fato. Tendo em conta o carácter conservador da moda, a vida útil de um fato é de um a três anos. A resistência do tecido é caracterizada pela sua carga de rutura. Uma tira de tecido com 5 cm de largura e 20 cm de comprimento deve ser capaz de suportar uma carga de tração de, pelo menos, 34,3 kg. Durante a utilização, o fato está exposto a vários factores, incluindo as condições meteorológicas, e a lavagem não é uma exceção, pelo que o requisito seguinte é a consistência da forma. Esta é alcançada através de um baixo valor admissível de alteração das dimensões do tecido do fato após o processamento húmido, nomeadamente, apenas menos 2% na base do tecido (na direção do grão) e mais 1,5% na trama (na direção transversal). Numa série de indicadores das propriedades operacionais, é necessário notar a resistência à luz dos tecidos, isto é, a resistência da coloração dos tecidos à ação da luz. Para os tecidos de fato de coloração especialmente durável, indicadores como o grau de resistência da coloração ao suor, à lavagem, à fricção, à passagem a ferro e aos solventes orgânicos situam-se ao nível de quatro a cinco pontos numa escala de cinco pontos. É importante que, ao longo da vida do fato, para além das caraterísticas de elevado desempenho, o tecido mantenha também as suas propriedades estéticas. Uma dessas caraterísticas é a ausência de rugas e de borbotos nos tecidos, ou seja, a tendência para formar fiapos no tecido, o que lhe confere um aspeto desleixado. [2]Este indicador para os tecidos de fatos é de não mais de quatro borbotos por cada 10 cm. O fato refere-se aos tipos de vestuário com que uma pessoa se veste durante todo o dia de trabalho e, frequentemente, durante o descanso, ou seja, cerca de 8 a 10 horas por dia, e durante todo este tempo deve sentir-se confortável. As propriedades ergonómicas dos tecidos determinam o índice de respirabilidade dos tecidos. Esta propriedade assegura a troca de ar sob o fato com o ar ambiente, por outras palavras, a ventilação do ar sob o vestuário. [32]O índice de permeabilidade ao ar dos tecidos dos fatos não é inferior a 50 dm /m seg. [23]Isto significa que 1 m de tecido do fato deve permear um volume de ar de, pelo menos, 50 dm por segundo. Quer isto seja muito ou pouco. [32]Para toda a variedade de materiais têxteis, este valor varia entre 3 e 2000 dm /m aproximadamente. [32]Uma vez que uma das muitas funções de um fato é manter-se quente, um limite inferior de pelo menos 50 dm /m é suficiente para se manter quente e sentir-se confortável. O limite superior não é limitado. É evidente que, para fatos de verão feitos de tecidos leves, os valores de troca de ar podem ser mais elevados. Mesmo uma breve revisão dos índices de regulação dos tecidos dos fatos permite-nos concluir que a sua totalidade só pode ser alcançada em tecidos mistos. Temos de o admitir, por muito que gostássemos de ter roupa apenas de fibras naturais - linho, algodão, lã. Os tecidos feitos de linho e algodão são, naturalmente, muito confortáveis, mas encolhem e amarrotam-se facilmente. Embora hoje em dia a tendência de "ligeiro enrugamento" ainda esteja na moda, é inaceitável para um fato de negócios, pois destrói a imagem de um homem dinâmico e bem sucedido. Os tecidos de lã pura e os tecidos de semi-lã são utilizados há muito tempo para os fatos. Estes incluem tecidos de lã com um padrão claro de fios entrelaçados:

- O boston é um tecido de lã pura, suavemente tingido;
- A gabardina é um tecido de lã pura com uma trama diagonal;
- O cheviot é um tecido de semi-lã (algodão na base e lã na trama);
- crepe - tecido de lã pura ou semi-lã de trama crepe;
- Tricot - tecido de lã pura ou semi-lã de trama padronizada.

Atualmente, os tecidos listados são muito procurados no mercado, mas o principal segmento do mercado de tecidos para fatos é constituído por tecidos mistos, em que estão presentes fibras químicas, pelo menos na base do tecido. Isto permite tornar o tecido mais forte, reduzir o encolhimento, aumentar a resistência à luz e, sobretudo, reduzir o preço. As tecnologias modernas permitem produzir tecidos à base de fibras mistas com um aspeto indistinguível dos tecidos fabricados com matérias-primas naturais. Apenas a etiqueta do fato nos revela objetivamente todos os componentes do tecido do fato. A lã ou o algodão, especificados na composição, causam involuntariamente satisfação, sabemos que é bom, que é confortável. Depois, por norma, segue-se o nome abreviado da fibra química que lhe acrescenta uma série de propriedades úteis e práticas:

- a adição de até 50% de fibras de poliéster (PE) e de poliacrilonitrilo (PAN) aumenta a estabilidade da forma dos tecidos,
- A adição de até 40% de fibras de poliéster (PE) reduz a tendência dos tecidos para formar pêlos (cotão),
- A adição de até 4% de capron e lavsan aumenta a resistência ao desgaste.

O tecido feito de fibra de bambu é leve, macio e tem um brilho natural agradável - superior ao da seda natural. O tecido tem uma elevada elasticidade, o que o torna praticamente sem rugas, e uma elevada resistência ao desgaste: a resistência à tração da fibra de bambu é comparável à do aço. O tecido de bambu não provoca reacções alérgicas, não irrita a pele, protege-a da luz ultravioleta (reflectindo 98% dos raios nocivos), tem propriedades antibacterianas e impede a reprodução de agentes patogénicos, fungos e ácaros (a fibra de bambu mata 70% das bactérias), conservando estas propriedades antibacterianas mesmo após cem lavagens. Os aminoácidos contidos no bambu têm um efeito favorável no equilíbrio energético da pele e o seu tecido tem um efeito anti-inflamatório no corpo. A fibra de bambu não é electrificante, tem excelentes propriedades termo-reguladoras, transmite mais 20% de ar e absorve mais 60% de humidade do que os tecidos de algodão, o que resulta em elevadas propriedades higiénicas. O tecido de bambu é fácil de tingir e mantém a sua cor na perfeição. O método ecológico de produção de fios de bambu é semelhante ao utilizado para o linho e o cânhamo: os caules de bambu são esmagados e são utilizadas enzimas naturais para os esmagar, permitindo a separação das fibras. Na antiguidade, o bambu era utilizado da mesma forma para o fabrico de papel. No processo industrial, as fibras são separadas quimicamente - com álcalis, bissulfureto de carbono e ácidos - e depois extrudidas com dispositivos mecânicos. Nos últimos anos, o bambu tem sido o principal material fibroso de toda a indústria têxtil e é popular entre os principais designers. Os tecidos de bambu e as misturas bambu/algodão são utilizados para confecionar roupa de cama, roupões, vestidos de noite e casuais para senhora, bem como para tricotar camisolas leves e meias. Os casacos e blusões são cosidos a partir de tecidos de mistura de lã, sendo fabricado vestuário de malha quente. Por conseguinte, nos tecidos de mistura com predominância de bambu, há que ter em conta o elevado respeito pelo ambiente da matéria-prima; excelentes qualidades higiénicas e de melhoria da saúde; hipoalergénico; elevada resistência e, ao mesmo tempo, suavidade, elasticidade e respirabilidade; a fibra de bambu ecológica mata até 70% das bactérias que entram em contacto com ela no espaço de um dia, e este efeito mantém-se até 5 lavagens; o vestuário que contém bambu retém até 100% da radiação ultravioleta; o vestuário é muito agradável ao toque, nunca causa arranhões e irritações e promove a sua cicatrização; tem uma maior capacidade de absorver água e odores desagradáveis; praticamente não enruga, é bem lavado e mantém uma aparência atractiva e propriedades de consumo até 500 lavagens. Assim, com este tipo de vestuário é impossível transpirar e sobreaquecer, protege de forma fiável do frio e do sol, elimina irritações alérgicas e outras e, ao mesmo tempo, é suficientemente durável e confortável de usar. O mais importante é que este vestuário mantém as suas propriedades ecológicas e, no processo de eliminação, os resíduos dele provenientes decompõem-se, assim como os resíduos vegetais, sem poluir o ambiente. Em suma, há que ter em conta que as propriedades dos tecidos para fatos devem ser confortáveis e práticas.

Para o estudo do tecido misturado como base, utilizámos o tecido art. 23195, onde os fios misturados 50 % lã e 50 % roluester são usados na base, e os fios misturados lã - bambu com diferentes proporções são usados na trama.

Os resultados das variantes de tecido estão resumidos no quadro 2.5.

Tabela 2.5.

Resultados das variantes de tecido.

№	Tecidos	Composição da mistura de fios, %, trama	Absorção de humidade, %	Resistência à rutura, N	^{32}Permeabilidade ao ar, cm /cm seg	Resistência à abrasão, ciclos
1	Versão básica	50% lã 50% poliéster	40	300 245	11	4060
2	1 opção de tecido	90% lã 10 bambu	67	240 207	19	4010
3	2 variante	70% lã 30 bambu	68	250 210	28	4030
4	3 opção	50% lã 50 Bambu	70	270 200	30	4050
5	4 opção	30% lã 70 bambu	74	280 220	39	4080
6	5 opção	10% Lã 90 Bambu	77	300 260	48	4100

em que: numerador por urdidura; denominador por trama.

No terceiro capítulo, o objeto de investigação é uma das propriedades dos materiais têxteis que proporciona o seu conforto - a permeabilidade ao ar. Esta propriedade, aliás, para materiais e produtos de um determinado objetivo, em particular os tecidos de vestuário, pode ser a principal determinante da sua qualidade. Até agora, a investigação sobre a permeabilidade ao ar dos tecidos tem sido orientada para o estudo da dependência da velocidade do líquido ou do gás que passa através de um material poroso, o que mostra que o carácter da dependência da velocidade do fluxo em relação à cabeça já não é linear e se reflecte na equação denominada "equação de Rakhmatullin", em que: é proposto o coeficiente de permeabilidade ao ar utilizado para um determinado valor de queda de pressão; é desenvolvida a classificação dos materiais têxteis de acordo com a sua permeabilidade ao ar; é obtida a função de grau. Foi igualmente estudada a influência de diversos factores na permeabilidade ao ar, nomeadamente a influência na permeabilidade ao ar da densidade do material, da natureza da distribuição das fibras no material, do tipo de trama do tecido, da torção dos fios, da densidade superficial dos tecidos, do enchimento dos tecidos com fibras, da densidade do material e do diâmetro das fibras, bem como das caraterísticas geométricas das fibras. Os dois últimos estudos tiveram depois uma aplicação prática, que consistiu na criação do dispositivo de avaliação da finura das fibras Micronair, que, numa forma modificada, faz parte do Spinlab integrado para a avaliação das propriedades das fibras. Assim, as dependências da permeabilidade ao ar dos tecidos em relação a estas ou àquelas caraterísticas da sua estrutura foram investigadas, pelo que, na fase atual, é necessário desenvolver cálculos de permeabilidade ao ar e previsão desta propriedade para tecidos de vestuário recentemente concebidos. Além disso, a permeabilidade ao ar é um dos principais parâmetros que permite uma primeira aproximação da tensão de produção do tecido no tear. A permeabilidade ao ar é influenciada pelo tipo de matéria-prima (fios), pela densidade linear do fio, pela forma da sua secção transversal, pela trama do tecido, pelas densidades da teia e da trama, pela ordem da fase de construção do tecido, pelos parâmetros de enfiamento e de tecelagem no tear. Por conseguinte, o critério de avaliação da estrutura do tecido é a permeabilidade ao ar, que determina a avaliação quantitativa e qualitativa da estrutura do tecido. No trabalho, com base na permeabilidade ao ar do tecido, é desenvolvido o método da sua conceção. Determinam-se o coeficiente de permeabilidade ao ar, a percentagem de área não preenchida e preenchida com material fibroso do tecido, o número médio de fios (densidade linear), a densidade do tecido e a equação da permeabilidade ao ar para um determinado tecido. Foram desenvolvidos parâmetros de enchimento do tecido e foram desenvolvidos protótipos de tecido não quadrado. Foram efectuados estudos comparativos de tecidos concebidos e experimentais sobre a permeabilidade ao ar. Na conceção de tecidos de vestuário com as propriedades definidas sobre a permeabilidade ao ar, a permeabilidade ao ar *B é* utilizada como um critério de estimativa da estrutura dos tecidos de vestuário. Por conseguinte, o método da sua conceção é proposto com base na permeabilidade ao ar *B* definida *do* tecido. Determinam-se os seguintes parâmetros do tecido de estrutura quadrada das tramas principais, tais como o coeficiente de permeabilidade ao ar *C*, a percentagem de área não preenchida e preenchida do tecido com material fibroso *f*, o número médio de fios *N*, *a* densidade do tecido *P*. Propõe-se a equação do coeficiente de permeabilidade ao ar do tecido de estrutura quadrada, tendo em conta a soma do numerador e do denominador das fracções das tramas principais. É efectuada a investigação dos parâmetros estruturais do tecido de estrutura quadrada em função da trama, da permeabilidade ao ar e da densidade superficial do tecido. Determina-se que o aumento do número de fios na trama quadrada e a permeabilidade ao ar diminuem os valores do número médio de fios e da densidade do tecido. E para a permeabilidade ao ar, temos invariância nos valores de parâmetros como o coeficiente de permeabilidade ao ar, a percentagem de área descoberta do tecido e a densidade relativa do tecido. A permeabilidade ao ar pode ser calculada com precisão suficiente utilizando a equação:

$$\boldsymbol{B} = \boldsymbol{C}\boldsymbol{h}^{\tau} \quad (3.1)$$

onde *C*- coeficiente de permeabilidade ao ar; ***h*** - rarefação atrás do tecido em mm de água. st, no nosso caso tomamos ***h*** **=5** mm de água. st; τ - índice do grau de pressão do ar.

A tarefa consiste em determinar o coeficiente de permeabilidade ao ar ***C*** a partir da permeabilidade ao ar ***B*** dada, para encontrar a percentagem de área descoberta ***f*** % e calcular a densidade relativa do tecido ***E*** e o número de fios ***N***.

A partir da fórmula (3.1), obtém-se o coeficiente de permeabilidade ao ar

$$\boldsymbol{C} = \frac{\boldsymbol{B}}{\boldsymbol{h}^{\tau}} \quad (3.2)$$

Determinar a percentagem de área descoberta do tecido da estrutura quadrada através da fórmula

$$\mathrm{C} = 0.00588 \cdot \boldsymbol{f}^{2.46} \qquad (3.3)$$

Além dissof=fo -fy, encontramos $\boldsymbol{f_o} = \boldsymbol{f_y} = \sqrt{\boldsymbol{f}} \quad (3.4)$

Densidades relativas

$$\boldsymbol{E} = 100 - \boldsymbol{f_o} \ (3.5)$$

Determinar o número médio do fio.

$$\boldsymbol{N} = \left(\frac{\mathbf{0{,}2} \cdot \boldsymbol{E} \cdot \boldsymbol{c} \cdot \boldsymbol{\mu}}{\boldsymbol{M_T}}\right)^2 \qquad (3.6)$$

[2]em que: ***E*** - densidade relativa do tecido em %; **c** - coeficiente de densidade máxima do tecido, igual para o fio 80; $\boldsymbol{\mu}$ - coeficiente de atração na densidade superficial do tecido igual a 1,05; M_t - densidade superficial de 1 m de tecido em gr.

Determinar a densidade de um tecido de estrutura quadrada

$$P_{y=}\frac{M_T \cdot N}{21} \quad (3.7)$$

Como N = -t^, após a substituição na fórmula (3.7), temos

$$P_{y=}\frac{M_T \cdot 1000}{21 \cdot T} \quad (3.8)$$

T - densidade linear do fio definida em texas.

A densidade dos tecidos determina a sua estrutura e muitas propriedades. Assim, quanto mais denso for o tecido, mais forte será a pressão dos fios da teia e da trama uns sobre os outros, maiores serão as forças de fricção entre as fibras que os constituem e, por conseguinte, mais forte será o tecido para rasgar e maior será a sua resistência à abrasão. Com o aumento da densidade, aumenta a espessura, o peso e a rigidez do tecido, reduz-se a sua elasticidade, o seu drapeado e o seu encolhimento aquando da imersão e da lavagem. À medida que a densidade diminui, a porosidade do tecido aumenta, aumentando assim a sua permeabilidade ao ar, a sua capacidade de absorção de humidade e as suas propriedades de proteção térmica, mas diminuindo as suas propriedades de proteção contra o vento. A equação da permeabilidade ao ar para um determinado tecido é a seguinte

$$B = M\left(\sqrt{h+K} - \sqrt{K}\right) \quad (3.8)$$

$$M = \frac{C+50}{1{,}088} \quad (3.9)$$

$$K = \frac{1080}{C^2} \quad (3.10)$$

O desenho do tecido de estrutura quadrada em termos de estrutura e permeabilidade ao ar deve corresponder à amostra experimental. [232]Propusemos desenvolver um tecido de estrutura quadrada de densidade superficial MT = 240 g/m com permeabilidade ao ar B = 50cm /cm seg.

[32]1. determinar a permeabilidade ao ar nos valores adoptados B = 50cm /cm seg.

2) Determinar o coeficiente de permeabilidade ao ar C a partir da equação (3.2), C = 10,7.

3.Determinar a percentagem de área descoberta do tecido a partir da fórmula (3.3) De onde obtemos f = 0,124. Calcular por (4)

$$f_o = f_y = \sqrt{0{,}124} = 0{,}35 \cdot 100 = 35.$$

Densidades relativas E = 100 - 35 = 65 %.

Assim, a área descoberta do tecido é de 35%, pelo que a densidade relativa do tecido é E = 65%.

4. determinar o número de fios de acordo com a fórmula (3.5)

$$N = \left(\frac{0{,}2 \cdot 65 \cdot 80 \cdot 1{,}05}{240}\right)^2 = 20$$

Determina a densidade do tecido através da fórmula (3.6)

$$P_y = \frac{240 \cdot 20}{21} = 220 \text{ fio/dm}$$

A equação da permeabilidade ao ar para um determinado tecido é determinada pelas fórmulas (3.7), (3.8) e (3.9).

$$B = 55{,}8\left(\sqrt{5+9{,}4} - \sqrt{9{,}4}\right) = 40{,}2 \quad M = \frac{10{,}7+50}{1{,}088} = 55{,}8 \quad K = \frac{1080}{10{,}7^2} = 9{,}4$$

O tecido projetado corresponde à amostra experimental em termos de estrutura e respirabilidade, que são apresentados no Quadro 3.1.

Tabela 3.1.

Parâmetros de enchimento do tecido

№	Nome	Unidade.	Indicadores
1	Largura do tecido acabado	ver.	142
2	Largura de enchimento na cana	ver.	152
3	Número do fio principal (densidade linear)	(tex)	20 (50)
4	Número de fios de trama (densidade linear)	(tex)	20 (50)
5	Densidade do tecido na base	n/dm	320
6	Densidade da trama	n/dm	150
7	Número de fios de urdidura a introduzir no dente da cana	pcs.	4
8	Número Reed	dente/dm	80
9	Densidade da superfície do tecido	gr. /m^2	240
10	Enchimento de tecido	%	65
11	Permeabilidade ao ar do tecido	^{32}cm /cm s	48

No laboratório de formação e de testes "CENTEXUZ" no TITLP, nos dispositivos "AP-360SM", foi determinada a permeabilidade ao ar da amostra experimental de tecido. A Tabela 3.2 mostra uma breve caraterística técnica do dispositivo.

Tabela 3.2.

Breves caraterísticas técnicas do aparelho

Nome do dispositivo	Dispositivo de teste de permeabilidade ao ar AP-360SM.
Nomeação do dispositivo	Determinar o grau de respirabilidade de diferentes tipos de tecidos.
Condições de trabalho no aparelho	^{0}Temperatura ambiente-20±2 C. Humidade relativa 65±2%.
Gama de ensaios	^{32}0,5-390 cm /cm -sec.
Área da câmara de vácuo	38,3 cm.^{2}
Gama de manómetros inclinados	0,1-300 mmHg (pressão hidrostática).
Gama de manómetros verticais	0,1-400 mmHg (pressão hidrostática).
Requisitos de amostragem	As dimensões da amostra são 160x160 mm.
Requisitos especiais	Dependendo da espessura do tecido, é selecionado o

	diafragma necessário.
Notas	Antes de utilizar o aparelho, é necessário verificar o nível de água "0".

Utilizámos diafragmas calibrados intercambiáveis com um diâmetro de abertura de 16 mm. Na operação final, determinámos o índice de permeabilidade ao ar da amostra de tecido testada, utilizando uma tabela especial. Estas medições e cálculos foram efectuados pelo menos cinco vezes. A determinação das caraterísticas numéricas da permeabilidade ao ar do tecido foi efectuada de acordo com o método conhecido na seguinte sequência, apresentada a seguir.

1 Permeabilidade média ao ar do tecido $\overline{Y} = \frac{1}{m}\sum_{i=1}^{m} Y_i$

2 Dispersão $S^2\{Y\} = \frac{1}{m-1}\sum_{i=1}(Y_i - \overline{Y})^2$

3 Desvio médio quadrático $S\{Y\} = \sqrt{S^2\{Y\}}$

4 coeficiente de variação $C\{Y\} = \frac{S\{Y\}}{\overline{Y}}100$

5 Erro de confiança absoluto do valor médio $E\{\overline{Y}\} = S\{\overline{Y}\}\frac{t_T}{\sqrt{m}}$

$_T$em que: *t {PD = 0,95, /= m-1=5-1=4} = 2,776quantil da* distribuição de Student.

6 Erro de confiança relativo do valor médio

$\delta\{\overline{Y}\} = C\{Y\}\frac{t_T}{\sqrt{m}}$

$t_T\ \{P_D = 0{,}95,\ f = m\text{-}1 = 5\text{-}1 = 4\} = 2{,}776$ em que: quantil da distribuição de Student.

O erro dos valores obtidos não ultrapassou os 5%. Os resultados dos cálculos são apresentados no Quadro 3.3

Tabela 3.3.

Caraterísticas numéricas da respirabilidade dos tecidos

Nome	Valores de respirabilidade do tecido					
	Valor médio de *Y*	Дис2- Pérsia *S* *{Y}*	Desvio médio quadrático *S{Y}*	Coeficiente de variação *C{Y}*	Erro absoluto da média *E* *{Y}*	Erro relativo do valor médio *δ{Y}*
Tecido experimental	48	2,5	1,6	3,3	2,0	4,0

Para os tecidos quadrados, os números de fios de teia e de trama e as densidades de teia e de trama têm os mesmos valores. Por conseguinte, as densidades lineares da teia e da trama são as mesmas. Sem perturbar este equilíbrio, é possível obter, com um número de fios inalterado na teia e na trama e uma densidade de fios variável na teia e na trama, um tecido semelhante de estrutura não quadrada. E se um sistema de fios for aumentado n vezes, o outro sistema de fios deve ser reduzido n vezes. Para o tecido similar não quadrado, temos n = 1,45; Po = 150 n/dm; Ru = 320 n/dm;
No = Ny = 20 ou To = Tu = 50 tex. A diferença entre os valores experimentais da permeabilidade ao ar e os valores calculados da equação para este tecido é de 16%. Isto deve-se à trama do tecido, à composição, ao tipo e à torção do fio. [32]O desvio da permeabilidade ao ar do tecido é de 2 cm /cm seg, ou 4%, o que é bastante aceitável. O desvio ocorreu devido à construção do tecido com uma estrutura não quadrada, ou seja, o aumento do valor da densidade do tecido na base e a diminuição da densidade do tecido na trama. Para determinar a permeabilidade ao ar dos tecidos de vestuário das tramas principais, foram determinados os seguintes parâmetros do tecido de estrutura quadrada das tramas principais, tais como o coeficiente de permeabilidade ao ar, a percentagem de área não preenchida e preenchida do tecido com material fibroso, o número médio de fios, a densidade do tecido. É proposta a equação do coeficiente de permeabilidade ao ar do tecido de trama quadrada, tendo em conta a soma das fracções do numerador e do denominador das tramas principais. É efectuada a investigação dos parâmetros estruturais do tecido de estrutura quadrada em função da trama, da permeabilidade ao ar e da densidade superficial do tecido. Determina-se que o aumento do número de fios na trama quadrada e a permeabilidade ao ar diminuem os valores do número médio de fios e da densidade do tecido. E para a permeabilidade ao ar, temos valores inalterados de parâmetros como o coeficiente de permeabilidade ao ar, a percentagem de área de tecido não coberta e a densidade relativa do tecido. Consoante a estrutura da superfície do tecido, os tecidos dividem-se em lisos, com pelo e feltrados. Os tecidos lisos são aqueles que têm um padrão claro das principais tramas, como o liso, a sarja e o cetim. No processo de acabamento, os tecidos lisos são geralmente queimados na parte da frente. Dependendo do tipo de trama, da densidade, da curvatura da urdidura e da trama, a superfície do tecido pode ser dominada por fios de urdidura ou de trama. Os tecidos com suporte igual têm a mesma superfície de sobreposição de fios de teia e de trama na frente (Fig. 3.1). Nos tecidos suportados por trama, as sobreposições de trama predominam na face (Fig. 3.2), enquanto que nos tecidos suportados por teia predominam as sobreposições principais (Fig. 3.3). Nos tecidos lisos, a

superfície de apoio é formada pelas cristas salientes das ondas do fio. A trama tem um efeito significativo na área da superfície de suporte do tecido: quanto mais longas forem as sobreposições, maior será a área da superfície de suporte. Quando um tecido sofre abrasão, a sua superfície de suporte é a primeira a ser destruída. Os tecidos com uma área de superfície maior são mais lentos a deteriorarem-se devido à abrasão. Além disso, a área da superfície de suporte afecta a respirabilidade do tecido.

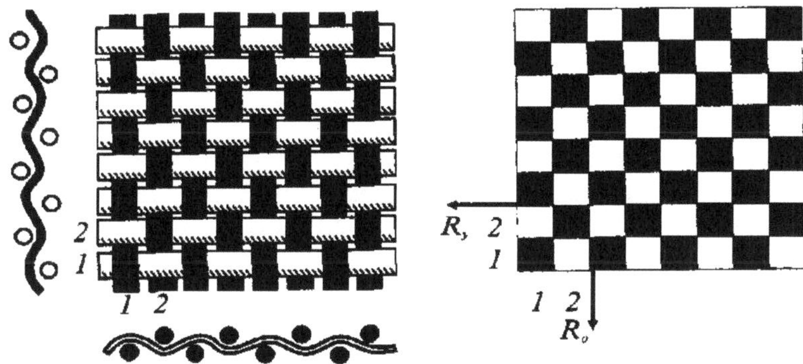

Fig.3.1. trama simples, com sobreposição 1/1.

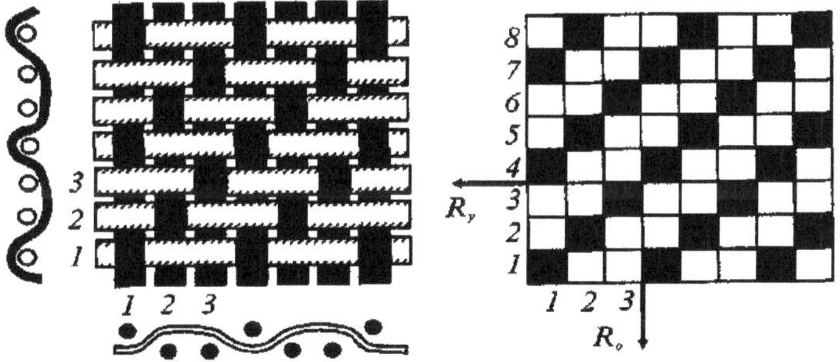

Fig.3.2 Tecido de sarja, 1/2 sobreposição.

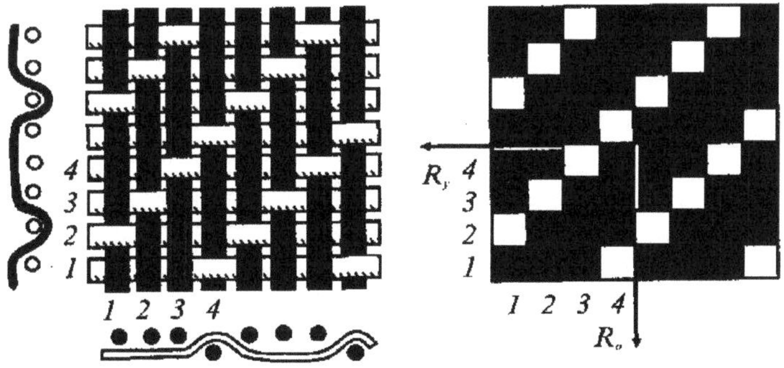

Fig.3.3. Sarja, sobreposição 3/1.

A permeabilidade ao ar é uma caraterística importante dos tecidos, expressa como a capacidade de permitir a passagem do ar e garantir que a peça de vestuário está bem

ventilado, mantendo uma certa relação entre a humidade e a composição gasosa da camada de ar sob o material. O dióxido de carbono tende a acumular-se no espaço por baixo da peça de vestuário. A sua concentração é duas vezes superior à do ar normal. Se o conteúdo desta substância no espaço por baixo da roupa for de 0,1 por cento, podem ocorrer desmaios. A pessoa começa a cansar-se rapidamente e a sentir-se muito cansada. É por isso que é tão importante que o tecido seja bem ventilado e que a sua estrutura seja porosa. Uma caraterística comum da respirabilidade é o coeficiente de permeabilidade ao ar. [2]O coeficiente de permeabilidade ao ar de um material mostra a quantidade de ar que passa através de 1 m de tecido em 1 segundo a uma determinada diferença de pressão em ambos os lados do material. O trabalho foi efectuado de acordo com a seguinte sequência. Determinamos o coeficiente de permeabilidade ao ar do tecido de ponto liso para tecidos de estrutura quadrada.

$$C_n = \frac{B}{h^{\tau}} \quad (3.11)$$

A percentagem de superfície de tecido não coberta é determinada pela fórmula

$$\mathbf{Cn=0,}_{00588 \cdot f2.46} \quad (3.12)$$

Determinar a contagem média de fios para tecidos quadrados

$$N = \left(\frac{0{,}2 \cdot E \cdot c \cdot \mu}{M_T}\right)^2 \quad (3.13)$$

[2]em que: E - densidade relativa do tecido em %; **c** - coeficiente de densidade máxima do tecido, igual para o fio 80; μ - coeficiente de atração na densidade superficial do tecido igual a 1,05; M_T - densidade superficial de 1 m de tecido em gr.

Determinar a densidade de um tecido de estrutura quadrada

$$P_{y=} \frac{M_T \cdot N}{21} \quad (3.14)$$

Equação do coeficiente de permeabilidade ao ar dos tecidos de sarja *cc* para tecidos de trama quadrada

$$C_C = \frac{0{,}263 \cdot \sqrt{n} \cdot C_n}{f_g \cdot N^{0{,}0625}} \quad (3.15)$$

$_g$onde *Cn* - coeficiente de permeabilidade ao ar do tecido de ponto liso para tecidos de ponto quadrado; ***n*** - número de fios no suporte do tecido de ponto quadrado; *f* - secção transversal viva do tecido de ponto quadrado (está entre 0,2-0,4); ***N*** - número médio de fios no tecido de ponto quadrado.

[32]Vamos propor a produção de um tecido de estrutura quadrada com

permeabilidade ao ar ***B*** = 50cm /cm seg. De acordo com as fórmulas (3.11) - (3.15), efectuaremos o cálculo, cujos resultados são apresentados na Tabela 3.4. O quadro 3.4 apresenta os resultados do cálculo dos parâmetros do tecido quadrado para as tramas principais sobrepostas 1/1,1/2,1/3,1/4,1/5,1/6 e 1/7 (liso e sarja).

Tabela 3.4.

Resultados do cálculo dos parâmetros do tecido de estrutura quadrada para as principais tramas.

№	Nome	O número de fios no suporte de um tecido de estrutura quadrada.						
		2	3	4	5	6	7	8
1	[32]Coeficiente de permeabilidade ao ar, ***C***, cm /cm seg.	10,7	13,4	15,5	17,4	19,0	20,5	21,9
2	Percentagem de superfície de tecido não coberta, ***f***, %	35,2	36,7	37,8	38,6	38,6	39,8	40
3	Densidade relativa dos tecidos ***E, %***	64,8	63,3	62,2	61,4	61,4	60,2	60
4	Número médio de fios, ***N***	20,6	19,6	19,0	18,5	18,5	17,8	17,6
5	Densidade do tecido, ***P***, fio/dm.	235	224	217	211	211	203	201

[232]A um valor constante de densidade superficial do tecido quadrado ***MT***= 200gr/m e a um valor variável de permeabilidade ao ar do tecido ***B*** cm /cm seg, foram determinados os parâmetros do tecido quadrado. Os resultados do cálculo são apresentados no Quadro 3.5.

Tabela 3.5.

Resultados do cálculo dos parâmetros do tecido quadrado a MT= 200gr/m^2

№	Nome	[32]Permeabilidade ao ar ***B***, cm /cm seg.				
		50	100	150	200	250
1	[32]Coeficiente de permeabilidade ao ar, ***C***, cm /cm seg.	10,7	21,3	32,0	42,6	53,3
2	Percentagem de superfície de tecido não coberta , ***f***, %	35	40	43	45	45
3	Densidade relativa dos tecidos ***E, %***	65	60	57	55	55
4	Número médio de fios, ***N***	29,8	25,4	22,9	21,3	21,3
5	Densidade do tecido, ***P***, fio/dm.	283	242	218	203	203

[322]Com um valor constante de respirabilidade do tecido ***B*** = 50cm /cm seg e um

valor variável de densidade da superfície do tecido de estrutura quadrada *MT* gr/m, foram determinados os parâmetros do tecido de estrutura quadrada. Os resultados dos cálculos são apresentados no Quadro 3.6.

Tabela 3.6.

[32]Resultados do cálculo dos parâmetros do tecido de estrutura quadrada com permeabilidade ao ar do tecido ***B = 50*** cm /cm seg

№	Nome	Densidade superficial do tecido ***Mt***, g/m^2				
		50	100	150	200	250
1	[32]Coeficiente de permeabilidade ao ar ***C***, cm /cm seg.	10,7	10,7	10,7	10,7	10,7
2	Percentagem de superfície de tecido não coberta ***f***, %	35	35	35	35	35
3	Densidade relativa do tecido ***E***, *%*	65	65	65	65	65
4	Número médio de fios, ***N***	477	119	53	29,8	19
5	Densidade do tecido ***P***, fio/dm.	1135	566	379	284	226

A análise do quadro 3.4 mostra que um aumento do número de fios no relatório do tecido de estrutura quadrada conduz a um aumento do coeficiente de permeabilidade ao ar do tecido e da percentagem de área descoberta do tecido***, e a*** uma diminuição da densidade relativa do tecido***, do*** número médio de fios e da densidade do tecido. O quadro 3.5 mostra que, à medida que a permeabilidade ao ar do tecido de estrutura quadrada aumenta: em primeiro lugar, o coeficiente de permeabilidade ao ar e a percentagem de área descoberta do tecido aumentam; em segundo lugar, a densidade relativa do tecido, o número médio de fios e a densidade do tecido diminuem. O quadro 3.6 mostra que um aumento da densidade da superfície do tecido provoca valores inalterados do coeficiente de permeabilidade ao ar, da percentagem de superfície não coberta do tecido e da densidade relativa do tecido em todas as variantes, enquanto os valores do número médio de fios e da densidade do tecido diminuem.

Para determinar a influência da torção do fio na permeabilidade ao ar dos tecidos de vestuário com base numa amostra experimental de tecido, são avaliados os parâmetros dos tecidos de estrutura quadrada. A técnica de análise da amostra experimental de tecido é desenvolvida. São determinados os seguintes parâmetros do tecido de estrutura quadrada de ponto liso, tais como a densidade relativa do tecido, a percentagem de área descoberta do tecido, o coeficiente de permeabilidade ao ar, o índice do grau de pressão e a permeabilidade ao ar. Os valores dos parâmetros do tecido de estrutura quadrada foram obtidos em função da relação de torção do fio no sistema métrico. Com o aumento do rácio de torção do fio no sistema métrico, a percentagem de área descoberta do tecido, o coeficiente de permeabilidade ao ar e a permeabilidade ao ar do tecido de estrutura quadrada aumentam, enquanto a densidade relativa do tecido e o índice do grau de pressão diminuem. A permeabilidade ao ar do tecido é de grande importância na avaliação das propriedades higiénicas e técnicas. Na avaliação das propriedades higiénicas dos tecidos de linho, a caraterística da sua permeabilidade ao ar é obrigatória e, para os tecidos inovadores, o índice de permeabilidade ao ar é introduzido nas condições técnicas. Ao avaliar os tecidos de vestuário, o indicador de permeabilidade ao ar caracteriza as propriedades de resistência ao vento do tecido. No caso dos tecidos para para-quedas, a permeabilidade ao ar é um indicador tido em conta no cálculo das propriedades de conceção e de funcionamento do para-quedas. Para os filtros de tecido, a permeabilidade ao ar dos tecidos aplicados é um dos indicadores mais importantes. Apesar da grande importância da permeabilidade ao ar, esta propriedade do tecido é insuficientemente estudada e o método de determinação da permeabilidade ao ar necessita de ser clarificado. As dependências da permeabilidade ao ar em relação aos parâmetros da estrutura do tecido são menos estudadas. Estabelecer relações entre a estrutura do tecido e o valor da permeabilidade ao ar é uma das tarefas mais difíceis, uma vez que o índice de permeabilidade ao ar é influenciado por muitos factores - tonificação (densidade linear), a forma e o peso volumétrico do fio, a densidade do tecido na base e na trama, a trama do tecido, a textura da frente e do verso do tecido, o tipo de acabamento e outros. O principal parâmetro da estrutura do tecido em termos de permeabilidade ao ar é a densidade do tecido e, em ligação com esta, a maior ou menor cobertura da área do tecido por fios, ou a área total dos chamados poros passantes na amostra de tecido. O tamanho e a direção de torção do fio utilizado também são de grande importância. A torção tem uma influência significativa na estrutura do fio. Ao torcer, as fibras são dispostas em linhas helicoidais de passo e raio variáveis. Cada fibra não se encontra numa única camada de fio ao longo do seu comprimento, mas em várias camadas, passando do centro do fio para a periferia e vice-versa. As secções de fibras nas camadas exteriores do fio são mais tensas do que as do centro do fio. Este facto cria uma estrutura desequilibrada, o que faz com que o fio que sai da espiga ou da bobina se torça e se enrole. A inclinação das bobinas que se encontram numa determinada camada do fio está sujeita a flutuações e varia com o diâmetro do fio. Assim, quanto menos uniforme for a espessura do fio, mais desigualmente se distribuem as torções ao longo do comprimento do fio. Dependendo dos requisitos, os fios simples produzidos durante a fiação podem ter uma torção fraca ou forte. Uma torção fraca resulta num fio menos forte mas mais macio, enquanto uma torção forte resulta num fio denso e rígido. Dependendo da direção de torção, a torção é rotulada com as letras latinas Z e S. Com a torção Z, as voltas vão de baixo para a esquerda para cima à direita, com a torção S de baixo para a direita para cima à esquerda. A direção de torção do fio influencia o aspeto dos materiais produzidos a partir dele. Quando os fios da teia e da trama são torcidos numa direção, as voltas do fio no tecido são dispostas em direcções diferentes, resultando num padrão de tecelagem com mais relevo. Quando os fios da teia e da trama são torcidos em direcções diferentes, as fibras do tecido estão dispostas na mesma direção e a textura do tecido tem um aspeto axadrezado. Isto provoca uma redução dos poros no tecido, que estão localizados entre os fios da teia e da trama. Por conseguinte, é razoável estudar a influência do tamanho e da direção da torção do fio na permeabilidade ao ar do tecido. O trabalho foi efectuado de acordo com a seguinte sequência. Determinamos a densidade relativa do tecido.

$$E = \frac{M_T\sqrt{N}}{0,2 \cdot c \cdot \mu} \quad (3.16)$$

[2]em que: N - número métrico médio de fios; **c** - coeficiente de densidade máxima do tecido, igual para o fio 80; μ - coeficiente de atração na densidade superficial do tecido igual a 1,05; M_T - densidade superficial de 1 m de tecido em gr.

Em seguida, determinamos a percentagem de superfície de tecido não coberta $f=f0 - fy$ (3.17) Tendo determinado o logaritmo da percentagem de superfície de tecido não coberta **lg** f, calculamos o logaritmo do coeficiente de permeabilidade ao ar pela equação

$$\text{IgC} = \text{Igf} - 2{,}46 + \lg 0{,}00588 \quad (3.18)$$

Em seguida, determina-se o coeficiente de permeabilidade ao ar C.

Para o coeficiente de permeabilidade ao ar C de 1 a 100, o grau τ de pressão é determinado pela fórmula empírica

$$\tau = 0{,}5 \cdot \left(1 + \frac{1}{1 + 0{,}056 \cdot C}\right) \quad (3.19)$$

A permeabilidade ao ar de um tecido quadrado é determinada pela equação

$$B = Ch^{\tau} \quad (3.20)$$

em que C *é o* coeficiente de permeabilidade ao ar; h *é a* rarefação por trás do tecido em mmHg; τ *é o* índice do grau de pressão.

[2]Produziu-se tecido de estrutura quadrada de ponto liso, em que a densidade do tecido P = 220 fios / dm., a densidade superficial do tecido M_t = 240 g / m, o número de fios N = 20 (densidade linear T = 50 tex) na urdidura e na trama, e na trama utilizou-se torção diferente (coeficiente de torção do fio no sistema métrico **e** variou de 50 a 100). De acordo com as fórmulas (3.16) - (3.20),

efectuamos cálculos cujos resultados são apresentados no quadro 3.7 em função do coeficiente de torção do fio.

Tabela 3.7.

Resultados do cálculo dos parâmetros do tecido de estrutura quadrada em função do coeficiente de torção do fio.

№	Nome	$_m$Relação de torção do fio no sistema métrico $_{an}$, (no sistema tex a)					
		50 (16)	60 (19)	70 (22,1)	80 (25,3)	90 (28,4)	100 (31,6)
1	Número médio de fios métricos ***N*** (densidade linear ***T***, tex) no tecido	20 (50)	19,9 (50,2)	19,8 (50,4)	19,7 (50,6)	19,6 (50,8)	19,5 (51,0)
2	Torção do fio ***K***, kr/m.	358	425	494	566	635	707
3	Densidade relativa dos tecidos ***E, %***	63,9	63,7	63,6	63,4	63,3	63,1
4	Percentagem de superfície de tecido não coberta, ***f***, %	36,1	36,3	36,4	36,6	36,7	36,9
5	lg^f	1,350	1,354	1,357	1,361	1,364	1.368
6	[32]Coeficiente de permeabilidade ao ar, ***C***, cm /cm seg.	12,3	12,6	12,9	13,2	13,5	13,6
7	Indicador t do grau de pressão a 5 mmHg.	0,796	0,7932	0,7903	0,7875	0,7847	0,7838
8	[32]Permeabilidade ao ar do tecido, cm /cm seg.	44,3	45,2	46.02	46,88	47,73	48,02

Foi desenvolvida uma metodologia para a análise de uma amostra experimental de tecido. Foram determinados os seguintes parâmetros do tecido quadrado de ponto liso, tais como a densidade relativa do tecido ***E,*** a percentagem de área descoberta do tecido ***f***, o coeficiente de permeabilidade ao ar, ***C,*** o índice de grau τ e a permeabilidade ao ar. **Foram** obtidos os índices dos parâmetros do tecido de trama quadrada em função da relação de torção do fio no sistema métrico **an.** A Tabela 3.7 mostra os resultados do cálculo dos parâmetros do tecido de estrutura quadrada em função do rácio de torção do fio. O quadro 3.7 mostra que, à medida que a relação de torção do fio aumenta no sistema métrico, a percentagem de área descoberta do tecido, o coeficiente de permeabilidade ao ar e a permeabilidade ao ar do tecido de estrutura quadrada aumentam, enquanto a densidade relativa do tecido e o índice do grau de pressão diminuem. Foram efectuados estudos comparativos com tecidos de estrutura quadrada e não quadrada. Foram desenvolvidos vários critérios e métodos para avaliar a intensidade da produção de tecido em teares, a fim de justificar as possibilidades de seleção de diferentes tipos de teares. Um desses critérios é o fator de enchimento do tecido com material fibroso, tendo em conta a ordem das fases da estrutura do tecido. Partindo da finalidade do tecido, são escolhidos os parâmetros da estrutura do tecido: o tipo de matérias-primas da teia e da trama, os coeficientes em função do tipo de matérias-primas utilizadas, o diâmetro do fio antes da tecelagem, o coeficiente da relação entre os diâmetros dos fios, o tipo de tecelagem, a relação entre a teia e a trama, a ordem das fases da estrutura (**PFS**), que se caracteriza pelo número e pela localização mútua dos níveis, ou seja, das linhas traçadas através dos centros de qualquer grupo de fios do mesmo sistema. Como a maioria dos tecidos para vestuário tem uma estrutura próxima do quadrado, a PPS deve ser de 4 a 6. Nestes tecidos com igual densidade linear de fios de teia e de trama, a densidade do tecido de teia excede geralmente a densidade do tecido de trama em ***n*** vezes (***n*** até 1,5 vezes).

Para os tecidos quadrados, a densidade da superfície do tecido, o número de fios da teia e da trama e as densidades da teia e da trama dos tecidos têm os mesmos valores. Por conseguinte, a densidade superficial dos tecidos quadrados e dos tecidos não quadrados, bem como a densidade linear dos fios da teia e da trama são as mesmas. Sem perturbar este equilíbrio, é possível obter um tecido não quadrado semelhante com números de fios de teia e de trama inalterados e densidades de teia e de trama variáveis. Se a densidade do tecido de um sistema de fios for aumentada n vezes, a densidade do tecido do outro sistema de fios deve ser reduzida n vezes. Para um tecido semelhante de estrutura não quadrada, temos n = 1,45; R_u = ***150*** n/dm; P_o = 320 n/dm; N_o = N_y = 20 ou T_o = T_u = 50 tex.

Tabela 3.8.

Parâmetros dos tecidos de estrutura quadrada e não quadrada

№	Nome	Densidade do tecido		Número de fios (densidade linear, tex)	
		com base no fio/dm. P_o	em fio de trama/dm. R_u	com base em $N_{ão}$	sobre o pato N_y
1	Tecido de estrutura quadrada	220	220	20 (50)	20 (50)
2	Número de aumentos ou diminuições, ***n*** vezes.	x 1,45	: 1,45	-	-
3	Tecido não quadrado	320	150	20 (50)	20 (50)

Quadro 3.9

Influência da trama no fator de enchimento de tecidos quadrados

№	Tecidos	Relatório de tecelagem		Fator de enchimento		
		Base R_o	patos R_y	fundação da K_{no}	Patos K_{nu}	gkan K_t
1.	Encadernação 1/1	2	2	1,228	1,228	1,508
2.	Tecido 1/2	3	3	1,023	1,023	1,046
3.	Tecer 1/3	4	4	0,937	0,937	0,878
4.	Tecido 1/4	5	5	0,859	0,859	0,738

Ao selecionar os parâmetros acima referidos, deve ter-se em conta que, nos tecidos com uma **PFS** (ordem da fase de construção) inferior a 5, os fios de trama sobressaem à superfície. Nestes tecidos, a densidade da trama é maximizada. O fator de enchimento da trama K_{hy} é próximo de 1. $K_{ho} < K_{hy}$, a_y (rendimento da trama) > a_o (rendimento da teia). Nos tecidos com um **PFS** superior a 5, os fios de teia sobressaem à superfície. A densidade de urdidura está próxima do máximo. O fator de enchimento da teia K_{ho} é próximo de 1. $K_{hy} < K_{ho}$, $a_o > a_y$. É praticamente impossível tecer tecidos com a densidade máxima de ambos os sistemas de fios no tear. Por conseguinte, são produzidos tecidos com densidades mais baixas (efectivas) de ambos os sistemas de urdidura e de trama. A relação entre a densidade real e a densidade máxima é caracterizada pelo enchimento de fibras do tecido. O fator de enchimento de fibras tem em conta a densidade do tecido, a densidade linear do fio e o tipo de tecelagem do tecido. O fator de enchimento de fibras mostra a tensão da produção do tecido no tear. Vamos calcular o fator de enchimento de fibras e apresentar o seguinte

Os resultados são apresentados no Quadro 3.9 para o tecido de trama quadrada e no Quadro 3.10 para o tecido de trama não quadrada. A análise dos quadros 3.9 e 3.10 mostra que a taxa de enchimento das fibras é diferente quando a trama do tecido é alterada. O processo de produção de tecidos quadrados e não quadrados no tear com trama 1/1 é o mais desgastante, porque o fator de enchimento de fibras é superior a um, ou seja, $KT>1$.

Tabela 3.10.

Influência da trama no fator de enchimento de tecidos não quadrados

№	Tecidos	Relatório de tecelagem		Fator de enchimento		
		Base R_o	patos R_y	fundação da K_{no}	Patos K_{nu}	Tecido K_t
1.	Encadernação 1/1	2	2	1,786	0,837	1,495
2.	Tecido 1/2	3	3	1,488	0,698	1,039
3.	Tecer 1/3	4	4	1,339	0,628	0,841
4.	Tecido 1/4	5	5	1,245	0,586	0,730

A redução da densidade da trama de 220 n/dm (trama quadrada) para uma densidade de trama de 150 n/dm (trama não quadrada) resulta numa redução de 32% na tensão do processo de tecelagem. Neste caso, é de esperar uma redução da quebra do fio e, consequentemente, um aumento da produtividade das máquinas de tecer. Além disso, para os tecidos quadrados e não quadrados, o fator de enchimento das fibras diminui 51% com o aumento do rácio de tecelagem na teia e na trama.

O quarto capítulo é dedicado a estudos comparativos de tecidos de fatos padrão e inovadores desenvolvidos com base nas suas caraterísticas estruturais e propriedades físicas e mecânicas. A combinação óptima no tecido de misturas de fibras, como a lã de bambu artificial, é fundamentada. Os tecidos dos fatos são investigados com base nos seguintes parâmetros: densidade superficial, permeabilidade ao ar, resistência à abrasão, resistência à tração, alongamento e absorção de humidade. A vantagem das caraterísticas estruturais e das propriedades físicas e mecânicas do tecido de fato inovador desenvolvido na trama da mistura de 90% de bambu e 10% de lã é demonstrada. São apresentados os parâmetros dos tecidos de estrutura quadrada. No âmbito da estrutura do tecido, aceita-se compreender a disposição mútua dos fios de urdidura e de trama no mesmo, condicionada pela sua interação. As forças de interação entre os fios do tecido são criadas no processo da sua formação no tear e determinam a disposição mútua dos fios no tecido. A disposição mútua dos fios no tecido depende, portanto, de muitos factores: o tipo de matéria-prima utilizada; os diâmetros dos fios da teia e da trama e as suas proporções; as densidades da teia e da trama e as suas proporções; o tipo de trama dos fios no tecido; a tensão dos fios da teia e da trama e as proporções de tensão; os parâmetros tecnológicos de enfiamento e produção do tecido.

O tipo de matéria-prima para o tecido concebido é selecionado tendo em conta a finalidade do tecido e os requisitos que lhe são aplicáveis. As propriedades dos fios utilizados na teia e na trama determinam em grande parte as propriedades do tecido fabricado a partir deles. Uma alteração do tipo de matéria-prima em, pelo menos, um sistema de fios na teia ou na trama do tecido tem um impacto significativo nos parâmetros tecnológicos da sua produção, na estrutura do tecido e nas suas propriedades. Os diâmetros dos fios de teia e de trama utilizados para a produção de tecidos têm uma influência significativa nos parâmetros tecnológicos da produção de tecidos, não na sua estrutura e propriedades. Ao conceber um tecido, os diâmetros dos fios são determinados em função do objetivo do tecido e dos requisitos que lhe são impostos. O aumento do diâmetro dos fios de trama aumenta a carga de rutura e o alongamento do tecido no sentido da trama, o trabalho dos fios principais e reduz o trabalho da trama. Consequentemente, a relação entre os diâmetros dos fios de teia e de trama tem uma grande influência nos parâmetros, na estrutura e nas propriedades do tecido. A densidade do tecido de urdidura e de trama e as suas proporções têm uma grande influência na estrutura e nas propriedades dos tecidos. A alteração da densidade do tecido por trama, mantendo-se os outros factores iguais, provoca a alteração dos parâmetros tecnológicos de produção, da estrutura e das propriedades dos tecidos. Em particular, um aumento da densidade da trama leva a um aumento da tensão da teia e a uma diminuição do trabalho da teia e da largura do tecido. As densidades da teia e da trama dependem do diâmetro dos fios utilizados e do tipo de tecelagem dos fios no tecido. A densidade máxima possível dos tecidos de sobreposição curta é inferior à de qualquer outro tecido de sobreposição longa. Os tecidos com as densidades de teia e de trama mais elevadas possíveis são muito difíceis de tecer no tear. A maioria dos tecidos produzidos tem uma densidade de um ou de ambos os sistemas de fios inferior ao máximo. Por conseguinte, a relação entre a densidade real do tecido e a densidade máxima caracteriza o enchimento do tecido com material fibroso, ou seja, a tensão da produção do tecido no tear. O tipo de tecelagem tem uma grande influência na estrutura e nas propriedades do tecido. Em especial, os tecidos com sobreposições curtas têm uma carga de rutura e um trabalho do fio de teia e de trama mais elevados do que os tecidos de outros tipos de tecelagem com sobreposições longas, e o trabalho dos tecidos com sobreposições curtas é acompanhado de uma tensão elevada. Entre os parâmetros tecnológicos que têm uma influência significativa na estrutura e nas propriedades do tecido, contam-se a tensão dos fios de teia e de trama e as suas proporções, que alteram a disposição dos fios no tecido e, consequentemente, o trabalho dos fios no tecido, a carga de rutura do tecido. Outro parâmetro principal do enfiamento na máquina é o valor do ponto atrás, que determina o valor da tensão adicional da teia no momento de formar (surfar) o tecido. À medida que o pesponto aumenta, a tensão dos fios de teia no momento da surfaçagem aumenta, o que levará a alterações na estrutura do tecido - densidade, trabalho do fio no tecido, carga de rutura e alongamento do tecido. Por conseguinte, com a alteração da tensão de enchimento e da quantidade de ranhuras da máquina, a estrutura e as propriedades dos tecidos podem ser alteradas. Para além disso, a estrutura e as propriedades dos tecidos são influenciadas pela posição do escalo, pela altura e profundidade do galpão, pela posição da longarina, etc. Neste caso, a nossa tarefa consiste em estudar a influência dos parâmetros da estrutura do tecido, quando se tecem tecidos com diferentes tramas com sobreposições curtas, médias e longas, pelo que é de esperar que os fios tenham diferentes estados de tensão, tanto quando o tecido é formado no tear como depois de o tecido ser retirado do tear. Considere-se o efeito sobre as densidades geométricas e máximas da teia e da trama para um tecido com contagens de teia e de trama no tecido entre 2 e 5, e com valores médios de

transição dos fios da teia e da trama no tecido. Os cálculos são os seguintes,

de uma metodologia conhecida.

1. O diâmetro do fio no tecido:

urdidura para trama

$d_o= 0,03162\, \eta_o C_o\sqrt{To}$ (4.1) $d_y = 0,03162\, \eta_y C_y \sqrt{Ty}$, (4.2)

diâmetro médio da rosca $d_{cp} = \frac{d_o + d_y}{2}$

2. Diâmetro do fio no tecido em função do rácio de diâmetro e do diâmetro médio do fio

urdidura para trama

$$d'_o = \frac{2K_d d_{cp}}{K_d + 1} \quad (4.3) \qquad d'_y = \frac{2d_{cp}}{K_d + 1} \quad (4.4)$$

3. Limitar a densidade do tecido

urdidura para trama

$$P_o = \frac{100}{d_o} \quad (4.5) \qquad P_y = \frac{100}{d_y} \quad (4.6)$$

4. Densidade máxima do tecido

urdidura para trama

$$P'_o = \frac{100}{l_o} \quad (4.7) \qquad P'_y = \frac{100}{l_y}. \quad (4.8)$$

5. Altura das ondas de flexão do filamento

urdidura para trama

$$h_o=d_{cp}\cdot K_{ho} \quad (4.9) \qquad h_y=d_{cp}\cdot K_{hy} \quad (4.10)$$

6. densidade geométrica dos tecidos de sobreposição curta

urdidura para trama

$$l_o = \sqrt{(d_o+d_y)^2 - h_o^2} \quad (4.11) \qquad l_y = \sqrt{(d_o + d_y)^2 - h_y^2} \quad (4.12)$$

7. Densidade média geométrica de trama para tramas de sobreposição longa

com base em $l_{ocp} = \frac{t_y \cdot \sqrt{(d_o + d_y)^2 - h_o^2} + (R_o - t_y)\cdot d_o}{R_o}$ (4.13)

$$l_{ycp} = \frac{t_o \cdot \sqrt{(d_o + d_y)^2 - h_y^2} + (R_y - t_o)\cdot d_y}{R_y} \quad (4.14)$$

sobre o pato

$_y$em que: t_o, t - número de transições de fios principais e, respetivamente, número de transições de fios de trama de um lado do tecido para o outro lado do tecido dentro da relação do tecido por um fio; R_o, R_y - relação de trama do tecido na urdidura e na trama.

Resulta da fórmula que os valores máximos de densidade geométrica correspondem à relação de trama do tecido igual ao número de transições e que estes valores de densidade geométrica diminuem com o aumento da diferença entre a relação de trama do tecido e o número de transições dos fios principais e de trama.

As Tabelas 4.1 a 4.4 mostram o efeito do coeficiente que determina a altura das ondas de flexão do fio nas densidades geométricas e máximas da teia e da trama para um tecido com uma relação de teia e trama variável no tecido de 2 a 5, e os valores médios das transições do fio de teia e trama no tecido.

Tabela 4.1.

Valores das densidades geométricas e máximas da teia e da trama para um tecido de trama 1/1.

Ordem da estrutura de fases da trama do tecido 1/1	Coeficiente que determina a altura das ondas de flexão dos fios		Altura das ondas de flexão do filamento, mm.		A densidade geométrica do tecido é de mm.		Densidade máxima, fio/dm	
	baseado em K_{ho}	sobre o pato K_{hy}	com base em, h_o	sobre o pato, h_y	com base em, l_o	sobre o pato, l_y	com base em, P_o	por pato, R_u
Marginal	0,27	1,73	0,069	0,445	0,509	0,257	197	389
III	0,5	1,5	0,128	0,386	0,498	0,339	205	295
IV	0,75	1,25	0,193	0,321	0,476	0,401	210	249
V	1	1	0,257	0,257	0,445	0,445	225	225
VI	1,25	0,75	0,321	0,193	0,401	0,476	249	210
VII	1,5	0,5	0,386	0,128	0,339	0,498	295	205
Marginal	1,73	0,27	0,445	0,069	0,257	0,509	389	197

Tabela 4.2.

Densidades geométricas e máximas da teia e da trama para a trama 1/2.

Estrutura do tecido ordem de fase trama 1/2	Coeficiente que determina a altura das ondas de flexão dos fios		Altura das ondas de flexão do filamento, mm.		A densidade geométrica do tecido é de mm.		Densidade máxima, fio/dm	
	baseado em K_{ho}	sobre o pato K_{hy}	com base em, h_o	Pato h_y	Com base, l_o	Sobre o pato, l_y	com base em, P_o	por pato, R_u
Marginal	0,27	1,73	0,069	0,445	0,425	0,257	253	389
III	0,5	1,5	0,128	0,386	0,418	0,312	239	321
IV	0,75	1,25	0,193	0,321	0,403	0,353	248	283
V	1	1	0,257	0,257	0,382	0,382	262	262
VI	1,25	0,75	0,321	0,193	0,353	0,403	283	248
VII	1,5	0,5	0,386	0,128	0,312	0,418	321	239
Marginal	1,73	0,27	0,445	0,069	0,257	0,425	389	253

Tabela 4.3.

Valores das densidades geométricas e máximas da teia e da trama para tecidos de 1/3.

Estrutura do tecido ordem das fases trama	Coeficiente que determina a altura das ondas de	Altura das ondas de flexão do filamento, mm.	A densidade geométrica do tecido é de mm.	Densidade máxima, fio/dm

1/3	flexão dos fios							
	baseado em *Kho*	Sobre o pato *Khy*	[e]sobre os princípios básicos , *ho*	[h]no pato y	com base em, *lo*	Sobre o pato, *ly*	com base em, *Po*	por pato, *Ru*
Marginal	0,27	1,73	0,069	0,445	0,383	0,257	261	389
III	0,5	1,5	0,128	0,386	0,378	0,298	265	336
IV	0,75	1,25	0,193	0,321	0,367	0,329	273	304
V	1	1	0,257	0,257	0,351	0,351	285	285
VI	1,25	0,75	0,321	0,193	0,329	0,367	304	273
VII	1,5	0,5	0,386	0,128	0,298	0,378	336	265
Marginal	1,73	0,27	0,445	0,069	0,257	0,383	389	261

Tabela 4.4.

Densidades geométricas e máximas da teia e da trama para tecidos de 1/4 de trama.

Ordem da fase de construção do tecido 1/4	Coeficiente que determina a altura das ondas de flexão dos fios		Altura das ondas de flexão do filamento, mm.		A densidade geométrica do tecido é de mm.		Densidade máxima, fio/dm.	
	baseado em *Kho*	sobre o pato *Khy*	com base em, *ho*	sobre o pato, *hy*	com base em, *lo*	sobre o pato, *ly*	com base em, *Po*	por pato, *Ru*
Marginal	0,27	1,73	0,069	0,445	0,358	0,257	279	389
III	0,5	1,5	0,128	0,386	0,353	0,290	283	345
IV	0,75	1,25	0,193	0,321	0,345	0,315	299	317
V	1	1	0,257	0,257	0,332	0,332	301	301
VI	1,25	0,75	0,321	0,193	0,315	0,345	317	299
VII	1,5	0,5	0,386	0,128	0,290	0,353	345	283
Marginal	1,73	0,27	0,445	0,069	0,257	0,358	389	279

A Fig. 4.1 mostra os gráficos da dependência da altura das ondas de flexão dos fios em relação ao coeficiente que determina a altura das ondas de flexão dos fios na teia. A Fig. 4.2 mostra os gráficos da dependência da densidade geométrica do tecido na urdidura e na trama em relação ao coeficiente que determina a altura das ondas de flexão da urdidura para a trama 1/1. A Fig. 4.3 mostra os gráficos da dependência da densidade máxima do tecido na base e na trama em relação ao coeficiente que determina a altura das ondas de flexão do fio na base para a trama 1/1. No trabalho, são igualmente construídos gráficos da dependência da densidade geométrica do tecido na base e na trama e da densidade máxima do tecido na base e na trama em relação ao coeficiente que determina a altura das ondas de flexão dos fios na base para as tramas 1/2, 1/3 e 1/4. A particularidade destas regularidades é o facto de terem índices qualitativos constantes e índices quantitativos variáveis. É de notar que os gráficos de dependência da altura das ondas de flexão do fio em relação ao coeficiente que determina a altura das ondas de flexão do fio na teia para todas as variantes de tecelagem se mantiveram inalterados.

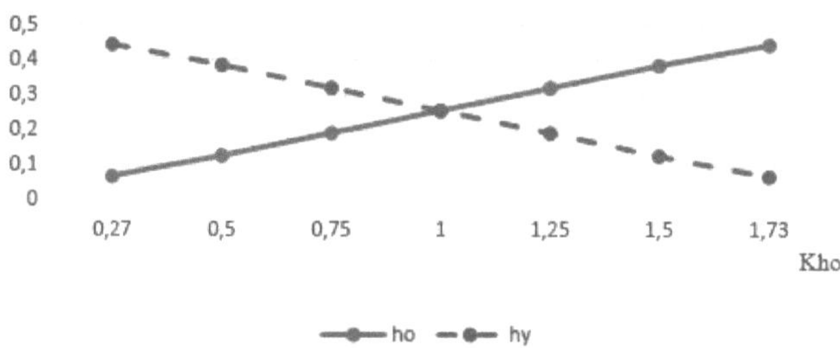

Fig.4.1.Dependência da altura das ondas de flexão do filamento no coeficiente que determina a altura das ondas de flexão do filamento ao longo da teia.

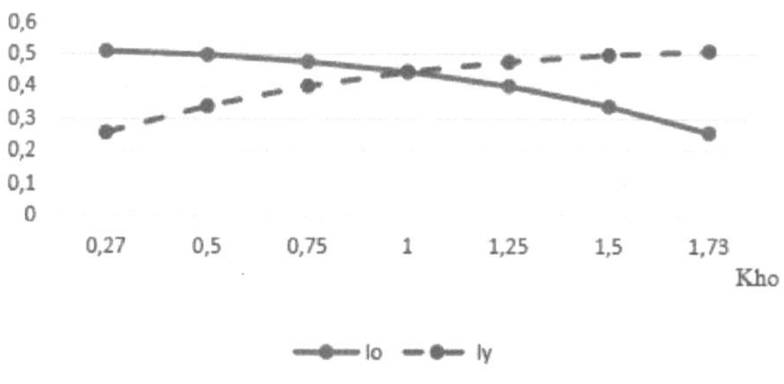

Fig.4.2 Dependência da densidade geométrica do tecido na teia e na trama do coeficiente que determina a altura das ondas de flexão da teia para a trama 1/1.

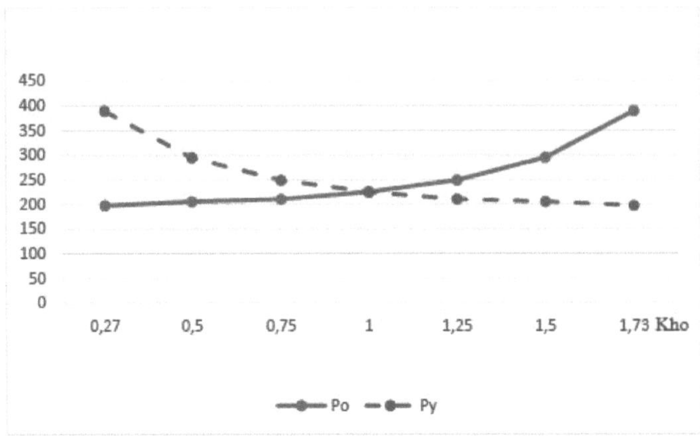

Fig. 4.3 Dependência da densidade máxima do tecido na teia e na trama do coeficiente que determina a altura das ondas de flexão da teia para a trama 1/1.

Da análise dos Quadros 4.1-4.4 e das Figs. 4.1-4.3, conclui-se que, com uma relação de urdidura e de trama variável e com um valor constante do número de transições de fios no tecido: a densidade máxima da urdidura e da trama diminui; a densidade geométrica da urdidura e da trama aumenta; a altura da onda de flexão da urdidura e da trama permanece inalterada. A influência da torção do fio na densidade superficial dos tecidos de estrutura quadrada para vestuário também é investigada; é apresentado o cálculo do enchimento dos tecidos de estrutura quadrada em função da trama. O coeficiente de coesão do tecido (**CCT**) e o coeficiente de enchimento do tecido (**CST**) da estrutura quadrada em função da trama e da torção do fio são determinados. A intensidade do processo de produção da tecelagem quadrada no tear com a trama 1/1 (sobreposições curtas) é mais elevada em relação às tramas 1/2,1/3 e 1/4 (sobreposições longas). A densidade da superfície do tecido, o fator de enchimento (FFR) e o fator de coesão (**CFT**) de uma tecelagem quadrada aumentam com o aumento da torção do fio. Os teares são selecionados em função da sua capacidade de seleção, tendo em conta a elevada produtividade e a elevada qualidade dos tecidos. Ao determinar a capacidade de seleção das máquinas, a possibilidade de produção de tecidos depende: do tipo de urdidura e trama, dos tipos de trama (monocromática, multicolor, etc.); da densidade linear dos fios no tecido; da obtenção da trama necessária; da obtenção da largura necessária dos tecidos; da obtenção de uma determinada densidade de fios no tecido; da intensidade do processo de produção de tecidos. A tensão do processo de produção do tecido depende da trama, da densidade e da espessura dos fios do tecido e pode ser caracterizada pelo coeficiente de enchimento do tecido com material fibroso ou pelo coeficiente de ligação do tecido. Com o aumento do coeficiente de enchimento ou da conetividade do tecido, o processo de tecelagem torna-se mais tenso e a tecelagem é mais cansativa e mais difícil. O tear é selecionado de acordo com a seguinte sequência: calcula-se o coeficiente de coesão (**CCT**) e o fator de enchimento das fibras (**CFF**) e seleciona-se o tipo de tear; a largura de trabalho do tear é selecionada com base na largura de enchimento das canas, o que garante a produção de um tecido áspero que, após o acabamento, satisfará os requisitos de largura do GOST "Larguras do tecido acabado". Os cálculos são apresentados a seguir para os tecidos de estrutura quadrada, ou seja, as densidades do tecido e as densidades lineares do fio da teia e da trama são as mesmas.

Fator de enchimento do tecido (**CST**) com fios de teia

$$K_{H_o} = \frac{P_o \cdot (d_o \cdot R_o + d_y \cdot t_y)}{R_o \cdot 10}$$

Fator de enchimento do tecido com fios de trama

$$K_{H_y} = \frac{P_y(d_y \cdot R_y + d_o \cdot t_o)}{R_y \cdot 10}$$

em que: R_o, R_u - densidade do tecido de urdidura e de trama, fios / mm; d_o, d_y - diâmetros dos fios de urdidura e de trama, mm; R_o, R_y - relações de trama de urdidura e de trama; t_o - número de transições de fios de urdidura de um lado do tecido para outro dentro da relação por fio; t_y - número de transições de fios de trama de um lado do tecido para outro dentro da relação por fio.

O diâmetro dos filamentos é determinado pela fórmula

$$d = 0.0316 \cdot c\sqrt{T}$$

em que: ***c*** - coeficiente dependente do tipo de fio (selecionado a partir do livro de referência);

T - densidade linear do fio, tex.

Fator de enchimento dos tecidos de lã

$$K_{NT} = K - K_{nu}$$

O coeficiente de coesão dos tecidos (**CCT**) é calculado pela fórmula

$$C = \frac{P_o \cdot P_y \cdot \bar{T}}{F \cdot 1000}$$

A densidade linear média dos fios de teia e de trama é calculada pela fórmula

$$T = \frac{2 \cdot T_o \cdot T_y}{T_o + T_y}$$

em que : T_o, T_u - respetivamente densidades lineares dos fios da teia e da trama;

F - coeficiente de tecelagem médio, calculado pela fórmula

$$F = \frac{2R_o R_y}{r_o + r_y}$$

Onde: $_{oy}d$ - número de elos de urdidura e de trama no sentido da urdidura no interior do suporte; d - o mesmo no sentido da trama.

$R_o=R_y=2,\ t_o=t_y=2,\ q_o=q_y=2,\ F=2.$ Para tecido de tecelagem 1/1

Para tecer tecido 1/2 $R_o= R_y=3\ \ t_o=t_y=2,\ q_o=q_y=3,\ F=3.$

Para a tecelagem de tecidos 1/3 $R_o= R_y=4\ \ t_o=t_y=2,\ q_o=q_y=4,\ F=4.$

Para tecer tecido 1/4 $R_o= R_y=5\ \ t_o=t_y=2,\ q_o=q_y=5,\ F=5.$

$_{oyoy}$O tipo de tear é selecionado tendo em conta o cálculo de $_{KNT}$(**KST**) e ***C*** (**KST**), bem como T, T, P, P e o rácio de tecelagem. A largura de trabalho do tear é selecionada de acordo com a largura do tecido. A largura do tecido de lã produzido na máquina deve ser tal que, após o acabamento, a largura do tecido acabado corresponda à GOST "Larguras do tecido acabado". Cálculo do número de canas

$$N_6 = \frac{P\ \ (1 - \frac{a}{100})}{Z_\Phi}$$

Z_φ - o número de fios de urdidura que são enfiados através do dente da palheta.
Peso dos fios de teia em tecidos quadrados

$$M_o = \frac{T\ \ \cdot \mathrm{P}}{10^6 \cdot (1 - \frac{a}{100})}$$

em que: T - densidade linear dos fios, tex; ***P*** - densidade do tecido quadrado; ***a*** - processamento do fio.
Peso dos fios de trama em tecidos de trama quadrada

$$M_y = \frac{T\ \ \cdot \mathrm{P}}{10^6 \cdot (1 - \frac{a}{100})}$$

Peso por metro linear de tecido de estrutura quadrada

$$M_{nM} = M_o + M_y \quad \text{gr/m}$$

Densidade superficial do tecido de estrutura quadrada

$$M_{M^2} = \frac{M_{nM}}{\mathrm{B_c}} \quad \text{gr/m}^2$$

Vamos efetuar o cálculo do enchimento do tecido quadrado em função da trama 1/1,1/2,1/3,1/4 (Fig.4.11) e da torção do fio. Os resultados são apresentados no quadro 4.5.

Tabela 4.5.

Resultados do cálculo do enchimento do tecido de estrutura quadrada

№	Nome	Relação de torção do fio no sistema métrico $_{en}$, (no sistema tex $_{em}$)					
		50 (16)	60 (19)	70 (22,1)	80 (25,3)	90 (28,4)	100(31,6)
1	Número médio de fios métricos ***N*** (densidade linear ***T***, tex) no tecido	20 (50)	19,9 (50,2)	19,8 (50,4)	19,7 (50,6)	19,6 (50,8)	19,5 (51,0)
2	Densidade do tecido fio/dm.	220	220	220	220	220	220
3	Diâmetro do fio	0,279	0,2799	0,280	0,281	0,2815	0,282
4	**CST** **PCC** trama de tecido 1/1	1,507 12,10	1,517 12,15	1,518 12,20	1,529 12,25	1,534 12,30	1,540 12,40
5	**CST** **PCC** tecer 1/2	1,046 8,07	1,053 8,10	1,054 8,13	1,062 8,16	1,065 8,20	1,069 8,30
6	**CST** **PCC** trama de tecido 1/3	0,848 6,05	0,852 6,08	0,854 6,10	0,860 6,12	0,863 6,15	0,866 6,20
7	**CST** **PCC** 1/4 de trama	0,738 4,84	0,743 4,86	0,744 4,88	0,749 4,90	0,752 4,92	0,755 5,00
8	Rendimento do fio no tecido, %	9	9	9	9	9	9
9	Peso dos fios de trama e urdidura, gr/m.	120	121	122	122	123	124
10	Densidade superficial do tecido, gr/m^2	240	242	244	244	246	248

Na Fig. 4.4 e Fig. 4.5, mostra-se o efeito da trama do tecido no fator de enchimento do tecido e no coeficiente de conetividade do tecido. As Fig. 4.6 e Fig. 4.7 mostram o efeito do rácio de torção do fio no rácio de enchimento do tecido e no rácio de coesão do tecido. A Fig. 4.8 mostra-se o efeito da relação de torção do fio na densidade da superfície do tecido.

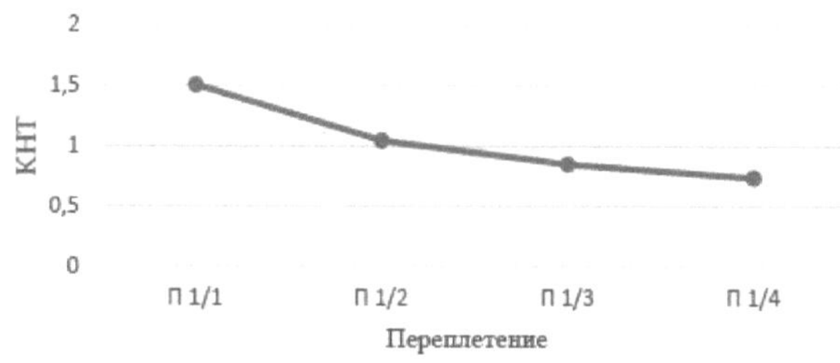

Figura 4.4. Efeito da trama do tecido no fator de enchimento do tecido.

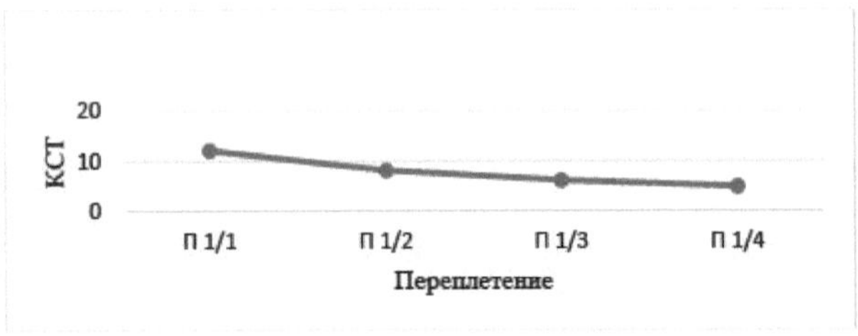

Figura 4.5. Influência da trama do tecido no coeficiente de conetividade do tecido.

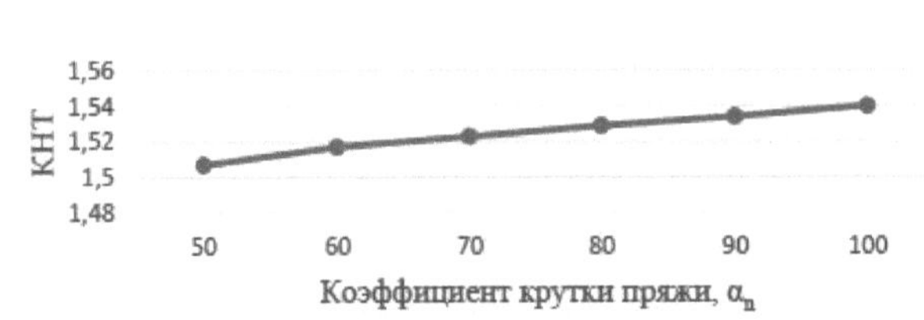

Figura 4.6. Influência da relação de torção do fio no fator de enchimento do tecido.

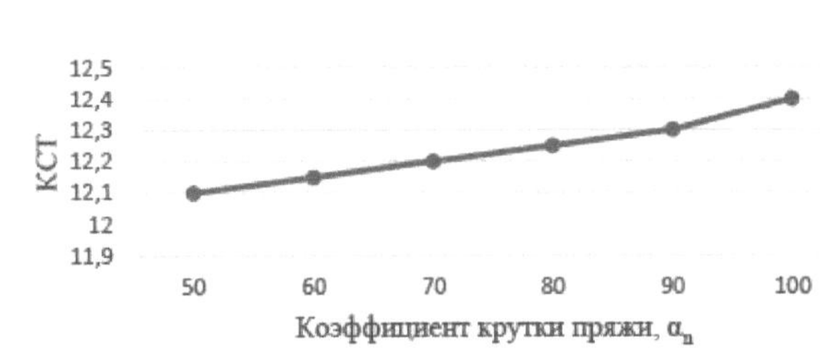

Figura 4.7. Influência do rácio de torção do fio no coeficiente de conetividade do tecido.

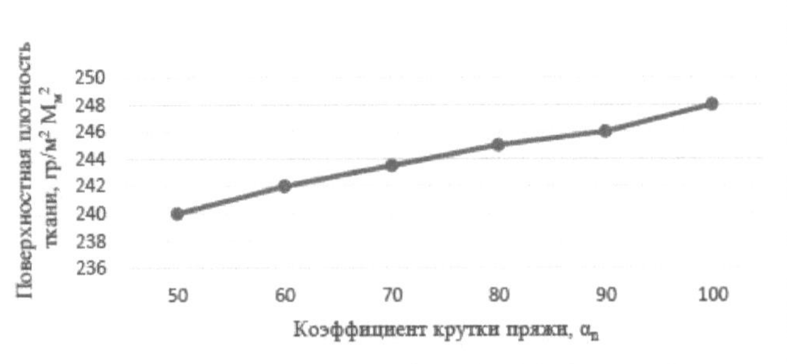

Figura 4.8. Influência do rácio de torção do fio α_n na densidade superficial do tecido.

A análise do Quadro 4.5 e das Figs. 4.4 - 4.8 mostram que a taxa de enchimento de fibras (FFR) e o coeficiente de coesão do tecido (**FCR**) têm valores diferentes quando a tecelagem muda de sobreposições curtas para sobreposições longas. O processo de tecelagem mais cansativo no tear ocorre na tecelagem 1/1 (sobreposições curtas). O aumento da torção do fio leva a um aumento do fator de enchimento para as tramas 1/1,1/2,1/3,1/4 e também a um aumento da densidade da superfície do tecido. Foi efectuado o desenvolvimento e a produção de tecidos inovadores para fatos. Na produção de vestuário, são utilizados tecidos de lã com diferentes percentagens de lã. Os tecidos de lã na gama geral ocupam um peso específico pequeno (cerca de 10 %), mas pelo número de artigos são muito diversificados, têm uma finalidade mais restrita, bem como uma vida útil mais longa, caracterizam-se por uma elevada elasticidade, baixo enrugamento, boas propriedades de proteção térmica e estabilidade de forma. Os tecidos de lã são produzidos em lã pura, em lã e em semi-lã. Os tecidos de lã pura contêm 100% de lã ou têm na sua composição até 5% de outras fibras (geralmente químicas) introduzidas para dar determinados efeitos exteriores (brilho, cabelos brancos, borras de cor). Os tecidos de lã pura feitos de lã fina são os mais valiosos, pois têm as melhores propriedades de proteção térmica, um aspeto bonito e são resistentes ao desgaste. Os tecidos de lã devem conter pelo menos 70% de fibras de lã. Os tecidos de semi-lã diferem no que respeita ao teor de lã e às fibras introduzidas adicionalmente, aos tipos destas fibras e à forma como são introduzidas. O teor de lã nos tecidos de semi-lã pode ser de 10 a 70%, e os restantes componentes podem ser fibras químicas de alta tecnologia com propriedades únicas (bambu, aramida, polietileno, carbono, etc.). A fibra de bambu é de grande interesse. Este material inovador tem muitas caraterísticas únicas, principalmente para os adeptos de um estilo de vida saudável, e as suas opiniões sobre a fibra de bambu e os tecidos feitos com ela são unânimes e positivas. O bambu é uma planta herbácea de climas quentes, cuja principal caraterística é uma elevada taxa de crescimento e a sua despretensão. Ao contrário do algodão, não esgota o solo e não necessita de tratamento com produtos químicos durante o cultivo. Além disso, esta erva de crescimento elevado tem muitas propriedades benéficas e a sua composição contém muitas substâncias valiosas que contribuem para a saúde.

A fibra artificial de bambu começou a ser produzida em 2000 e, alguns anos mais tarde, os produtos fabricados com este tecido começaram a conquistar ativamente o mercado.

Por conseguinte, é razoável utilizar fibras de bambu numa mistura com fibras de lã para a produção de tecidos para fatos. Foram escolhidas duas amostras de tecidos para a investigação das propriedades dos tecidos para fatos - o tecido padrão do artigo 23195, em que os fios principais e de trama são uma mistura de lã e lavsan, e o tecido inovador com a inserção de uma mistura de bambu e lã na trama e uma mistura de lã e lavsan na base. [232]De acordo com o programa de investigação desenvolvido, foram determinadas as seguintes caraterísticas estruturais e propriedades físicas e mecânicas dos tecidos: densidade superficial dos tecidos, g/m; permeabilidade ao ar, dm /(dm s); resistência à abrasão, ciclos; resistência à rutura, N; alongamento, %; absorção de humidade, %. Para determinar as caraterísticas estruturais e a densidade da superfície, as amostras de tecido analisadas foram previamente condicionadas em condições normais, de acordo com os requisitos estabelecidos. As caraterísticas estruturais e as propriedades físico-mecânicas dos tecidos foram determinadas com os instrumentos do laboratório "CENTEXUZ" do TITLP.

O quadro 4.6 mostra as propriedades físicas e mecânicas do tecido proposto e do tecido tricot com o artigo 23195 da Lavsan, o quadro 4.7 mostra os parâmetros físicos e mecânicos dos fios em função do teor de fibras artificiais de bambu em lã para o fio de trama e o quadro 4.8 mostra as caraterísticas comparativas das propriedades das fibras de bambu com as propriedades de algumas outras fibras.

Quadro 4.6

Índices físico-mecânicos do tecido.

№	Amostra de tecido	Composição da mistura de fios, %		Densidade superficial do tecido, gr/m²	[32]Permeabilidade ao ar, cm /cm seg.	Resistência à abrasão, ciclos
		base	patos			
1	Tecido existente art. 23195	50% lã 50% poliéster	50% lã 50% poliéster	190	11	4060
2	Tecido novo	50% lã 50% poliéster	10% Lã 90 Bambu	180	48	4100

Quadro 4.7

Propriedades físicas e mecânicas dos fios.

№	Percentagem de inserção de bambu na lã para fios de trama	Resistência à rutura, N	Alongamento, %	Absorção de humidade, %
1	Bambu: lã-90:10%	260	24	70
2	Bambu: lã-70:30%	220	21	68
3	Bambu: lã-50:50%	200	20	67

Caracterização comparativa das propriedades da fibra de bambu com as de algumas outras fibras

Nome dos indicadores	Bambu	Lã	Viscose	Algodão	Poliéster
Resistência relativa, cH/tex	40-42	11-13	22-26	20-24	55-60
Alongamento, %	14-16	25-30	20-25	7-9	25-30

Resistência relativa à humidade, cH/tex	34-38	8-10	10-15	26-30	54-58
Alongamento em estado húmido, %	16-18	27-35	25-30	12-14	25-30

Vantagens do bambu: alta respirabilidade, que é conseguida devido à estrutura porosa; alta durabilidade - tanto na forma seca como húmida; higroscopicidade dos produtos de bambu, que absorvem rapidamente a humidade; isolamento térmico - no inverno, o tecido não deixará o corpo congelar, pois acumulará calor; resistência aos raios UV - não se deterioram sob a influência da luz solar; resistência aos odores; maleabilidade ao tingimento; resistência ao desgaste - tem uma longa vida útil, uma vez que não se deteriora sob a influência de factores externos; suavidade; maleabilidade - forma perfeitamente as dobras sem vincos; propriedades antibactericidas - o bambu destrói eficazmente os microrganismos patogénicos que penetraram na sua superfície; pureza ecológica; hipoalergénico - o bambu não provoca reacções alérgicas, pelo que é adequado para crianças e pessoas com pele sensível; cuidados fáceis. A análise dos quadros mostra que a densidade da superfície do novo tecido é 5% inferior à do tecido normal. Esta situação deve-se ao facto de as fibras de bambu artificial terem um peso específico de fibras inferior devido à sua elevada porosidade. Além disso, a resistência à abrasão do tecido está dentro do padrão para este tecido. O novo tecido é quase quatro vezes mais respirável do que o tecido existente. A partir dos parâmetros físicos e mecânicos do fio, conclui-se que a resistência à rutura aumenta em função da percentagem de inclusão de bambu na lã para o fio. Consequentemente, o material proposto permite a produção de tecidos higiénicos para a gama de vestuário. Além disso, o material proposto é económico devido à utilização de fios misturados. Foi também efectuada a otimização do processo de tecelagem para a produção de um tecido inovador para fatos. O estudo preliminar do objeto de investigação mostrou que o objetivo da otimização do processo de tecelagem é atingir o nível máximo de produtividade do equipamento. A redução ao máximo do nível de rutura do fio no processo de tecelagem (a uma velocidade constante do eixo principal da máquina) contribui para a realização deste objetivo. Isto permite-nos escolher o mínimo de rutura do fio principal como critério principal para otimizar o processo de tecelagem. Por um lado, determina indicadores como a carga de trabalho do tecelão e a taxa de utilização do equipamento, que influenciam significativamente a produtividade da mão de obra e do equipamento. Por outro lado, o índice de rutura do fio pode determinar de forma inequívoca as condições de formação do tecido no tear em função dos parâmetros tecnológicos do seu enfiamento e estabelecer as condições mais favoráveis de formação do tecido de acordo com o valor mínimo de rutura do fio. Assim, o critério de otimização adotado permite caraterizar a eficácia do objeto de investigação com a maior exaustividade. $_{123}$Foram escolhidos três parâmetros principais, ou seja, três variáveis independentes principais: x - a tensão de urdidura, cN; x - o tamanho do escalpe, mm; x - a posição do escalpe em relação ao esterno em altura, mm. Verifica-se que a rotura da teia a valores baixos da tensão de ajuste da teia aumenta devido ao aumento da sobretensão. Em seguida, à medida que a tensão de urdidura aumenta, a taxa de rutura diminui e volta a aumentar à medida que a tensão de urdidura aumenta ainda mais devido à sobretensão da urdidura. O tamanho do remate afecta as condições da franja de trama e, consequentemente, o tamanho da franja. À medida que o contraforte aumenta, as condições de passagem do fio de trama melhoram e o tamanho da tira de superfície diminui. Por isso, quando se produzem tecidos com uma taxa de enchimento mais elevada, recomenda-se um remate maior. À medida que o contraforte diminui, o tamanho da saliência aumenta e ocorre um fenómeno de choque dinâmico, que pode aumentar a rutura dos fios de teia. O grau de movimento da trama sobre os fios de urdidura no momento da surfa depende da tensão dos fios principais nas partes superior e inferior do galpão. Quando a tensão dos ramos do galpão é diferente, criam-se condições mais favoráveis para a surfaçagem do fio de trama, ou seja, melhoram-se as condições de formação do tecido e reduz-se a rotura do fio de teia. Por outro lado, grandes desvios em relação ao nível simétrico do galpão podem criar um enfraquecimento da tensão num ramo e aumentá-la no outro, ou seja, levar à rutura de fios de teia com tensão fraca. A diferença de tensão entre os ramos superior e inferior do galpão pode ser controlada pela altura do penhasco. Os factores selecionados satisfazem todos os requisitos da teoria do planeamento matemático da experiência: não há permutabilidade de factores, podem ser medidos com os meios disponíveis, podem ser variados dentro de uma gama suficientemente ampla de valores mínimos e máximos e tomados com a precisão necessária. Quanto aos restantes parâmetros tecnológicos da alimentação do tear, todos eles se mantiveram constantes durante a experiência. Uma vez que o processo de tecelagem não é estacionário no tempo e que um grande número de experiências distorce os resultados devido a diferentes perturbações do processo, foi aplicada a aleatorização das experiências no planeamento da experiência. Neste trabalho, foi adotado o método composto central de planeamento da experiência de segunda ordem, que dá a possibilidade de estudo detalhado, descrição e otimização do processo de tecelagem na área de otimização investigada. A seleção dos intervalos e valores dos factores para cinco níveis de variação foi efectuada tendo em conta as possibilidades tecnológicas de enchimento da máquina (Tabela 4.9).

Quadro 4.9

Níveis de variação dos factores.

Factores	Níveis de variação					Intervalo
	-1,682	-1,0	0	+1,0	+1,682	
χı-tensão de urdidura de enchimento, cN	14	16	19	22	24	3
X2-valor do desvio, mm	10	14	20	26	30	6
Posição xz do couro cabeludo em relação ao esterno, mm	-25	-15	0	+15	+25	15

A experiência realizada sobre a matriz selecionada permite-nos obter a um modelo matemático de segunda ordem que descreva a influência dos factores x1, x2, x3 nos parâmetros de otimização selecionados, com a seguinte forma

$$y = в_0 + в_1 x_1 + в_2 x_2 + в_3 x_3 + в_{12} x_1 x_2 + в_{23} x_2 x_3 + в_{13} x_1 x_3 + в_{11} x_1^2 + в_{22} x_2^2 + в_{33} x_3^2$$

em que *wo*, *Bi*, *Bij*, *Bu* - coeficientes de regressão;

0in é um membro gratuito;

Bi=1, 2, 3 - coeficientes de regressão em termos lineares;

Bij=1, 2, 3 - coeficientes na interação dos factores;

Bii= - coeficientes de regressão dos termos ao quadrado.

Cálculo dos coeficientes de regressão

$$в_0 = g_1 \sum_{u=1}^{N} \overline{y}_u - g_2 \sum_{i=1}^{M} \sum_{u=1}^{N} x_{iu}^2 \overline{y}_u$$

$$b_0 = 0{,}1663(4{,}54) - 0{,}0568(10{,}56) = 0{,}155$$

$$в_1 = g_2 \sum_{u=1}^{N} x_{iu} \overline{y}_u$$

$$b_1 = 0{,}0732(-0{,}697) = -0{,}051$$

$$b_2 = 0{,}0732(0{,}0656) = 0{,}005$$

$$b_3 = 0{,}0732(0{,}123) = 0{,}009$$

Os coeficientes de interação entre pares da equação de regressão foram determinados utilizando a fórmula:

$$в_{ij} = g_u \sum_{u=1}^{N} x_{iu} \cdot x_{ju} \cdot \overline{y}_u$$

Tabela 4.10.

Matriz de planeamento da CREC

Ordem de aleatorização	Número de experiências	Factores			Critério de otimização Taxa de rutura do urdume em U	$(Wee^\wedge)^2$
		X1	X2	X3		

20	1	+	+	+	0,19	0,054
19	2	+	+	-	0,11	0,037
18	3	+	-	+	0,19	0,0064
17	4	+	-	-	0,25	0,0105
16	5	-	+	+	0,28	0,0056
15	6	-	+	-	0,33	0,0065
14	7	-	-	+	0,19	0,0016
13	8	-	-	-	0,39	0,0081
1	9	0	0	0	0,16	0,000025
2	10	0	0	0	0,15	0,000025
3	11	0	0	0	0,17	0,000225
4	12	0	0	0	0,16	0,000025
5	13	0	0	0	0,15	0,000025
6	14	0	0	0	0,15	0,000025
11	15	+1,682	0	0	0,40	0,0072
12	16	-1,682	0	0	0,55	0,0049
9	17	0	+1,682	0	0,23	0,0039
10	18	0	-1,682	0	0,30	0,0042
7	19	0	0	+1,682	0,08	0,0006
8	20	0	0	-1,682	0,11	0,0016

$_{13}b = 0.125(0.272) = 0.034$

$_{23}b = 0.125(0.288) = 0.03\ 6\ 6$

$_{12}b = 0.125(0.064) = 0.008$

Os coeficientes dos termos quadráticos da equação de regressão são determinados pela fórmula:

$$в_{ij} = g_6 \sum_{u=1}^{N} x_u^2 \cdot \bar{Y}_u + g_6 \sum_{i=1}^{M} \sum_{u=1}^{N} x_{iu}^2 \cdot \bar{Y}_u - g_2 \sum_{u=1}^{N} Y_u$$

$$b_{11} = 0{,}0625(4{,}62) - 0{,}0069(10{,}56) - 0{,}0568(4{,}54) = 0{,}104$$

$$b_{22} = 0{,}0625(3{,}44) - 0{,}0069(10{,}56) - 0{,}0568(4{,}54) = 0{,}03$$

$$b_{33} = 0{,}0625(2{,}48) - 0{,}0069(10{,}56) - 0{,}0568(4{,}54) = -0{,}03$$

De acordo com a metodologia de tratamento dos resultados experimentais, determina-se a variância do parâmetro de saída na experiência ou a variância da reprodutibilidade :

$$S^2\{\bar{Y}\} = S_ц^2\{Y\} = \frac{1}{N_ц - 1} \sum_{U_ц=1}^{N_ц-6} \left(Y_{u_ц} - \bar{Y}_ц\right)^2$$

$$S^2\{\bar{Y}\} = \frac{1}{5} \cdot 0{,}000134 = 0{,}00003 \qquad \bar{Y}_ц = 0{,}113$$

$$S^2\{\bar{y}\} = \frac{1}{5} \cdot 0{,}00135 = 0{,}00027 \qquad \bar{y_ц} = 0{,}155$$

Em seguida, determina-se a variância dos coeficientes de regressão:

$$S^2\{b_0\} = g_3 \cdot S^2\{\bar{y}\}$$

$$S^2\{b_0\} = 0{,}1663 \cdot 0{,}00027 = 0{,}000045 \qquad S\{b_0\} = 0{,}0067$$

$$S^2\{b_i\} = g_1 \cdot S^2\{\bar{y}\}$$

$$S^2\{b_i\} = 0{,}0732 \cdot 0{,}00027 = 0{,}00002 \qquad S\{b_i\} = 0{,}0044$$

$$S^2\{b_{ij}\} = g_4 \cdot S^2\{\bar{y}\}$$

$$S^2\{b_{ij}\} = 0{,}125 \cdot 0{,}00027 = 0{,}000034 \qquad S\{b_{ij}\} = 0{,}0058$$

$$S^2\{b_{ii}\} = g_7 \cdot S^2\{\bar{y}\}$$

$$S^2\{b_{ii}\} = 0{,}0695 \cdot 0{,}00027 = 0{,}000019 \qquad S\{b_{ii}\} = 0{,}0043$$

Para determinar a significância dos coeficientes de regressão, são utilizados os critérios de Student

$$t_R = \frac{b}{S\{b\}} \quad t_R\{b_0\} = \frac{0{,}155}{0{,}0067} = 23{,}1$$

$$t_R = \frac{b_i}{S\{b_i\}}$$

$$t_R\{b_1\} = \frac{0{,}051}{0{,}0044} = 11{,}6 \quad t_R\{b_2\} = \frac{0{,}005}{0{,}0044} = 1{,}2 \quad t_R\{b_3\} = \frac{0{,}009}{0{,}0044} = 2.0$$

$$t_R = \frac{b_{ij}}{S\{b_{ij}\}}$$

$$t_R\{b_{12}\} = \frac{0{,}008}{0{,}0044} = 1{,}8 \quad t_R\{b_{13}\} = \frac{0{,}034}{0{,}0058} = 5{,}9 \quad t_R\{b_{23}\} = \frac{0{,}036}{0{,}0058} = 6{,}2$$

$$t_R = \frac{b_{ii}}{S\{b_{ii}\}}$$

$$t_R\{b_{11}\} = \frac{0{,}104}{0{,}0043} = 24{,}2 \quad t_R\{b_{22}\} = \frac{0{,}03}{0{,}0043} = 7{,}0 \quad t_R\{b_{33}\} = \frac{0{,}03}{0{,}0043} = 7{,}0$$

Valor tabular Critério de Student

$$t_T \left[P_D = 0{,}95; \qquad fS_u^2 \;\; 6-1=5 \right] = 2{,}571$$

Os coeficientes de regressão são significativos se tR > ti. 23TRNeste caso, nem todos os coeficientes são significativos, em particular os coeficientes em X , X e o coeficiente de interação par a par X1X2 têm valores menores, ou seja, t > t . Por conseguinte, não é necessário continuar o tratamento. O modelo matemático que descreve a dependência da quebra em relação aos factores selecionados é o seguinte

R3²y = 0,155 - 0,051Y38E1 + 0,104X12 + 0,03X22 - 0,03X + 0,034X1X3 + 0,036X2X3 (1)

Para testar a hipótese sobre a adequação do modelo obtido, utilizamos o critério de Fisher, cujo valor calculado é comparado com o FT tabelado. RSe F < FT, então, com probabilidade PD, a hipótese de adequação do modelo obtido não é rejeitada. Os valores calculados do critério de Fisher são iguais a:

$$F_R = \frac{S_{a\partial}}{S_E}$$

$$S_E = \sum_{u=1}^{N_u} (y_u - \bar{y})^2$$

$$S_R = \sum_{u=1}^{N} (\bar{y} - y_R)^2$$

$$S_{a\partial} = S_R - S_E$$

$$S_E = 0{,}00027 \quad S_R = 0{,}0014$$

$$S_{ad} = 0{,}0014 - 0{,}00027 = 0{,}00113$$

$$F_R = \frac{0{,}00113}{0{,}0027} = 4{,}2$$

rDK3Como **FR** < **FT**, à probabilidade de confiança PD = 0,95, f [P = 0,95; fl = L?TS - 1 = 6 - 1 = 5; fl = N - N '' - (L?TS - 1) = 20 - 7 - (6 -1) = 8] = 4,82 a hipótese de adequação dos modelos obtidos não é rejeitada, ou seja, 4,2 < 4,82.

232332Avaliámos a experiência do processo por meio de cortes: **Y** = f (x1) a x constante, x ; **Y** = f (x) a x constante, x ; y = f (x) a x constante, x . As Tabelas 4.11- 4.13 resumem os resultados dos cálculos de cliffness a partir dos factores de entrada.

Resultados do cálculo *Y=f* (x1) a x2 e x3 constantes

№	Valores constantes dos factores	Rutura do fio ***ao*** valor das variáveis do fator x1				
		-1,682	-1	0	+1	+1,682
1	x2=-1, xz=-1	0,628199	0,38	0,191	0,21	0,342259
2	x2=-1, xz=0	0,565011	0,34	0,185	0,238	0,393447
3	x2=-1, xz=1	0,441823	0,24	0,119	0,206	0,384635
4	x2=0, xz=-1	0,562199	0,314	0,125	0,144	0,276259
5	x2=0, xz=0	0,535011	0,31	0,155	0,208	0,363447
6	x2=0, xz=1	0,447823	0,246	0,125	0,212	0,390635
7	x2=1, xz=-1	0,556199	0,308	0,119	0,138	0,270259
8	x2=1, xz=0	0,565011	0,34	0,185	0,238	0,393447
9	x2=1, xz=1	0,513823	0,312	0,191	0,278	0,456635

Tabela 4.12.

Resultados do cálculo *Y=f* (x2) a x1 e x3 constantes

№	Valores constantes dos factores	Rutura de urdidura *y* variáveis x2 valor do fator				
		-1,682	-1	0	+1	+1,682
1	x1=-1, xz=-1	0,459426	0,38	0,314	0,308	0,338322
2	x1=-1, xz=0	0,394874	0,34	0,31	0,34	0,394874
3	x1=-1, xz=1	0,270322	0,24	0,246	0,312	0,391426
4	x1=0, xz=-1	0,270426	0,191	0,125	0,119	0,149322
5	x1=0, xz=0	0,239874	0,185	0,155	0,185	0,239874
6	x1=0, xz=1	0,149322	0,119	0,125	0,191	0,270426

7	x1=1, xz=-1	0,289426	0,21	0,144	0,138	0,168322
8	x1=1, xz=0	0,292874	0,238	0,208	0,238	0,292874
9	x1=1, xz=1	0,236322	0,206	0,212	0,278	0,357426
10	x1=0, xz=1,682	0,053152	0,039574	0,070126	0,160678	0,256848

Tabela 4.13.

Resultados do cálculo Y=f(x3) a x1 e x2 constantes

№	Valores constantes dos factores	Rutura de urdidura *y* variáveis valor do fator xz				
		-1,682	-1	0	+1	+1,682
1	x1=-1, x2=-1	0,372866	0,38	0,34	0,24	0,137386
2	x1=-1, x2=0	0,282314	0,314	0,31	0,246	0,167938
3	x1=-1, x2=1	0,251762	0,308	0,34	0,312	0,25849
4	x1=0, x2=-1	0,160678	0,191	0,185	0,119	0,039574
5	x1=0, x2=0	0,070126	0,125	0,155	0,125	0,070126
6	x1=0, x2=1	0,039574	0,119	0,185	0,191	0,160678
7	x1=1, x2=-1	0,15649	0,21	0,238	0,206	0,149762
8	x1=1, x2=0	0,065938	0,144	0,208	0,212	0,180314
9	x1=1, x2=1	0,035386	0,138	0,238	0,278	0,270866

As Figs. 1-3 são representadas nas Figs.

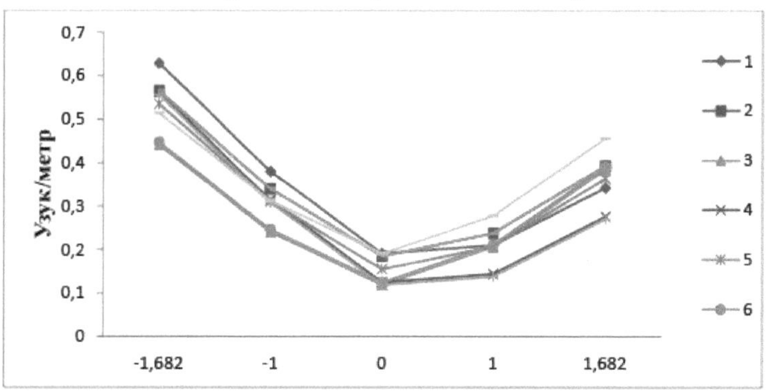

Linha1 - X2 = -1; xz= -1 Linha2- X2 = -1; xz= 0 Linha3 - X2 = -1; xz= 1
232323Linha4 - x = 0; *x* = -1 Linha5- x = 0; *x* = *0* Linha6 - x = *0*; *x* = 1
Linha7- x2 = 1; xz= -1 Linha8- x2 = 1; xz= 0 Linha9- x2 = 1; xz= 1

Figura 4.9. Influência da tensão de enchimento da teia na rotura do fio.

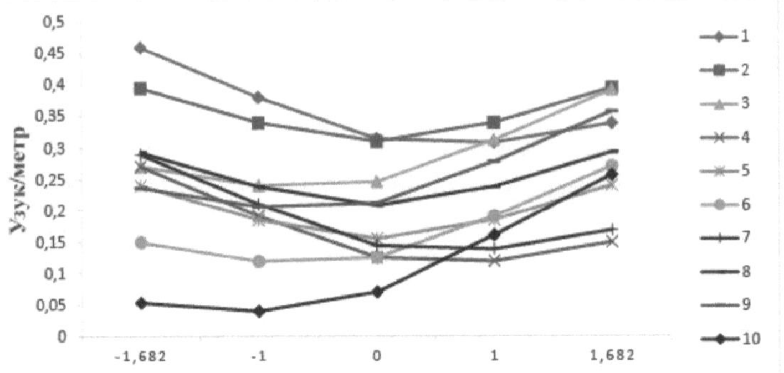

Ряд 1- x_1 = -1; x_3 = -1; Ряд 2 - x_1 = -1; x_3 = 0; Ряд 3 - x_1 = -1; x_3 = 1;
Ряд 4 - x_1 = 0; x_3 = -1; Ряд 5 - x_1 = 0; x_3 = 0; Ряд 6 - x_1 = 0; x_3 = 1;
Ряд 7 - x_1 = 1; x_3 = -1; Ряд 8 - x_1 = 1; x_3 = 0; Ряд 9 - x_1 = 1; x_3 = 1;
Ряд 10 - x_1=0; x_3=1,682.

Fig.4.10. Influência do tamanho da abertura na rotura da rosca

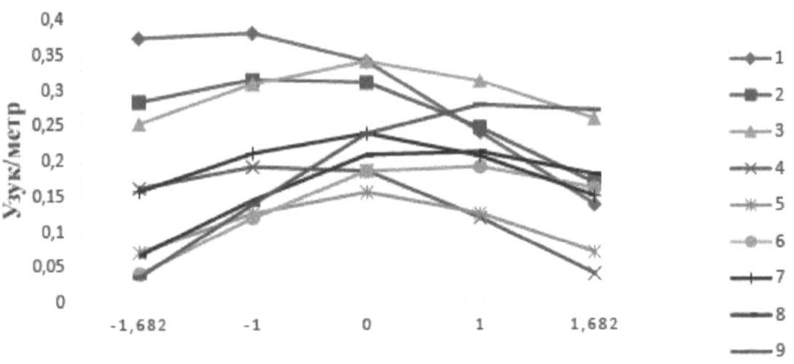

Linha 1- x1 = -1; x2 = -1; Linha 2- x1 = -1; x2 = 0; Linha 3 - x1 = -1; x2 =1 ;
Linha 4 - x1 = 0; x2= -1; Linha 5- x1 = 0; x2= 0; Linha 6 - x1 = 0; x2=1 ;
Linha 7 - x1 = 1; x2 = -1; Linha 8- x1 = 1; x2 = 0; Linha 9 - x1 = 1; x2 =1 ;

Fig.4.11. Influência da posição do escalo na rutura da linha

A análise das curvas (Figs. 4.1- 4.3) traçadas pelas equações obtidas mostra que a variação de **Y** em relação a x1 e x2 tem a forma de parábolas côncavas (Figs. 4.9, 4.10). 3A influência de x3 (posição da pedra em relação ao peito do tear, Fig. 4.11) em **Y** é representada por uma parábola convexa com valores mínimos de y em x iguais a - 1,68 e + 1,68, respetivamente. Por conseguinte, na produção deste tecido, é aconselhável elevar a escama o mais possível ou baixá-la o mais possível em relação ao esterno, e a elevação da escama (x3=+1,68), como mostra a

Fig. 4.3 conduz à quebra mais baixa. A curva de variação da rotura **Y** traçada separadamente a partir da posição do desvio x2 no valor zero x1 (tensão dos fios principais) e a rocha elevada ao máximo x3=+1,68 mostra (ver Fig. 4.10) que em x2=0 é possível reduzir a rotura dos fios em 2 vezes, ou seja, os parâmetros terão os seguintes valores: tensão dos fios principais - 20 cN (para 1 fio); o valor do desvio - 15 mm; a posição da rocha em relação ao esterno - (+25) mm. Com estes valores de parâmetros, a rutura dos fios principais não excederá 0,05 rupturas por 1 m.

CONCLUSÃO

A análise das fontes literárias mostra que foram efectuados vários trabalhos científicos sobre o estudo e a conceção da estrutura dos tecidos. Os trabalhos estão principalmente orientados para o estudo da estrutura dos tecidos, pelo que a conceção dos tecidos é efectuada em função de uma determinada espessura, do enchimento do tecido, da resistência, da ordem das fases da estrutura tecida, das densidades lineares dos fios. A estrutura dos tecidos de vestuário e a sua conceção não são suficientemente estudadas, em particular, a conceção de tecidos de vestuário de acordo com uma determinada permeabilidade ao ar é de importância atual. No fabrico de tecidos para fatos, a influência dos factores de drapeado na estrutura do tecido não é suficientemente estudada. O critério de avaliação da estrutura do tecido é a permeabilidade ao ar, que determina a avaliação quantitativa e qualitativa da estrutura do tecido. Desenvolveu-se a técnica de conceção dos tecidos de vestuário em função dos indicadores de permeabilidade ao ar dados, nomeadamente, o coeficiente de permeabilidade ao ar, a percentagem da superfície do tecido não preenchida com fibras e preenchida, o número médio de fios, a densidade do tecido, bem como a equação da permeabilidade ao ar para um determinado tecido. A diferença entre os valores experimentais da permeabilidade ao ar e a equação dos valores calculados para um determinado tecido foi de 16%, dependendo da trama do tecido, da composição do fio, do tipo e da torção. É proposta a equação do coeficiente de permeabilidade ao ar do tecido de trama quadrada, que tem em conta a soma do numerador e do denominador das tramas principais. Foi efectuado um estudo dos parâmetros do tecido de ponto quadrado em função do cisalhamento, da permeabilidade ao ar e da densidade superficial. Verifica-se que a contagem média de fios e a densidade superficial diminuem com o aumento da contagem de fios e da permeabilidade ao ar no tecido de estrutura quadrada. É caraterístico que os valores de parâmetros como o coeficiente de permeabilidade ao ar, a percentagem de área de tecido não coberta e a densidade relativa do tecido permaneçam constantes para a permeabilidade ao ar. Foi desenvolvido um método para analisar os parâmetros dos tecidos de estrutura quadrada em amostras experimentais de tecido. A densidade relativa do tecido com os parâmetros do tecido de estrutura quadrada cortado, a percentagem da área descoberta do tecido, o coeficiente de permeabilidade ao ar, o índice do nível de pressão e a permeabilidade ao ar foram determinados. A densidade relativa do tecido com parâmetros de tecido com estrutura de corte de tecido quadrado, a percentagem de área de tecido não coberta, o coeficiente de permeabilidade ao ar, o índice de nível de pressão e a permeabilidade ao ar foram determinados. No sistema métrico, o aumento do grau de torção do fio aumenta a percentagem de área descoberta do tecido, o coeficiente de permeabilidade ao ar e a respirabilidade do tecido de estrutura quadrada, enquanto diminui a densidade relativa e o índice de pressão do tecido. A tensão do tecido de estrutura quadrada de 1/1 de urdidura (cobertura curta) no tear é mais elevada do que a dos tecidos de 1/2, 1/3 e 1/4 de urdidura (cobertura longa). A densidade da superfície, o fator de enchimento (SF) e o coeficiente de ligação (TBC) aumentam com o aumento do número de voltas do fio nos tecidos de estrutura quadrada. Foram efectuados estudos comparativos com base nas propriedades estruturais e nas propriedades físicas e mecânicas dos tecidos de fato padrão e desenvolvidos. Foi encontrada uma combinação alternativa de misturas de fibras para o tecido do fato, ou seja, 90% de bambu artificial e 10% de fibra de lã. O novo tecido para fatos demonstrou ter uma densidade superficial superior, respirabilidade, resistência à abrasão, resistência à tração, elasticidade e absorção de humidade.

LITERATURA

1. Sabit Adanur. MANUAL DE TECELAGEM. CRSPRESS. Boca Raton Londres Nova Iorque Washington, DC.-2001.-P.-488.
2. T.A.Ochilov, M.^ulmetov, S.A.Khamraeva va b. "Tukimachilik materialshunosligi" Toshkent: Adabiyotlar uchkunlari, 2018.-310b.
3. Khamraeva S.A. Aumento da resistência ao desgaste dos tecidos através da otimização dos parâmetros da sua formação. Dissertação ... D. Sc. - T. - 2010.
4. Daminov A.D. Fundamentals of structure forecasting and design of textile fabrics. Dissertação. Em sosis. sch. st. de doutoramento em ciências técnicas. T./ 2003g-300str.
5. Lukmonov H. N., Alimbayev E. Sh. Melhoria da qualidade dos tecidos de seda produzidos em máquinas STB // J. Silk. 1991. - №5. -Б. 25-27.
6. Hikmatullaeva M.R. Desenvolvimento da tecnologia de produção de sortido de tecidos de seda e algodão: Dissertação de Cand. Sci. (Techn.). - T.: TITLP, 2000. - 15 б.
7. Abramova I. A. Desenvolvimento do método de conceção do processo tecnológico de tecelagem: Discurso do autor . de ciências técnicas. - M. MSTU, 2004. - 16 б.
8. Khurram Shehzad Akhtar, Ali Afzal, Kashif Iqbal, Zahid Sarwar, Sheraz Ahmad. Investigation of Manufacturing and Processing Techniques on Shade Variation and Performance Characteristics of Woven Fabrics. // Jornal de fibras e tecidos projetados. Volume 13, Edição 3 - 2018. 71-77 p.
9. Kulabusheva I. V. Desenvolvimento do método de conceção de parâmetros de estrutura e tecnologia de fabrico de tecidos: Cand. Sci. (Techn. Sci.). - UNIVERSIDADE TÉCNICA ESTADUAL DE MOSCOVO, 2003. - 15 б.
10. Masudur Rahman ANM. Influência do comprimento e da estrutura dos pontos em propriedades mecânicas selecionadas de tecidos de malha de jersey simples com percentagem variável de algodão no fio. Jornal de Engenharia Têxtil e Tecnologia da Moda. Volume 4 Edição 2 - 2018. 189 p.p.
11. Nikishin V. B. Desenvolvimento do método automatizado de cálculo dos parâmetros da estrutura do tecido: Cand. B. Desenvolvimento do método automatizado de cálculo dos parâmetros da estrutura do tecido: disco do autor . de ciências técnicas. - UNIVERSIDADE TÉCNICA ESTATAL DE MOSCOVO, 2002. - 16 б.
12. Ziyatdinova V. V. Desenvolvimento de parâmetros tecnológicos óptimos para o fabrico de tecidos de alta densidade em teares sem lançadeira STB: Cand. Sci. (Techn. Sci. Dissertation). - M.: MGTU, 1995. - 15 б.
13. Beskhlebnaya S. E. Desenvolvimento do método de cálculo do volume de poros passantes em tecidos de tramas principais e derivadas. Tese do autor ...

Cand. de Ciências Técnicas. - UNIVERSIDADE TÉCNICA ESTATAL DE MOSCOVO, 2004. - 16 б.

14. Bakaev M.H. Investigação e melhoramento do processo tecnológico de têmpera e tensão de urdidura na produção de tecidos de seda natural: Cand. of Sci . Techn. - T.: TITLP, 1993. - 144 б.

15. Kamolova S., Islomova F., Alimbayev E.S. Gazlamalarda tanda va arkok iplarining siljishga bardoshlik khusususiyatini oshirish // J. Ipak. -2001.-№2. -Б. 25-27.

16. Mogilny A. N. Desenvolvimento de tecnologia, métodos de conceção e investigação da estrutura e propriedades dos materiais têxteis para fins técnicos: Doutoramento em Ciências Técnicas. - São Petersburgo: SPGUTiD, 2000. - 36 б.

17. Onikov E.A., Khagaueva S.A. Tecidos de algodão com maior resistência à abrasão - relatórios têxteis internacionais //Melliand Textilberichte. -Alemanha, 2002.-No.1.-C.37-38.

18. Federenko N.A. Estimativa da racionalidade da estrutura do tecido // Indústria têxtil. 1997.-№2. 44

19. Yunuskhodjaeva M. R. Yangi tarkhibli kotirma matolar tekhnologi va ta\lili: Dis. tekhnika fanlari nomzodi. - T.: TTESI, 2001. - 142 б.

20. Mikhailyuk O.Yu., Onikov E.A. Análise e escolha da fórmula para a determinação das possibilidades de sortimento da máquina // J. Indústria têxtil. - 2003.- №1-2. -Б 18-19.

21. Sukhova L.V. Método de conceção de tecidos com transições de sombra de fios de trama modelados. Dissertação de Mestrado em Ciências Técnicas - M. - 1998.

22. Kareva T.Yu. Desenvolvimento do método, tecnologia de fabrico de tecidos de novas estruturas e investigação da sua estrutura Diss.... Doutoramento - Mestrado - 2005.

23. C. V. Smirnov, Nomogramas multivariados e tecidos, UMN, 1963, vol. 18, número 3(111), 239-240

24. Novikov N.G. Sobre a estrutura do tecido e a sua conceção através do método geométrico // J. Textile Industry. - 1946. - № 2 C-54 25. Nazarova, M.V.; Romanov, V.Yu. Desenvolvimento dos parâmetros tecnológicos ótimos para a produção de um tecido de pena com a máxima permeabilidade ao ar. // Revista Revista Internacional de Pesquisa Aplicada e Fundamental. M.: - 2016. - No. 12 (parte 3) - P. 422-425.

26. Goryachev M.V. Desenvolvimento do método de estimativa e cálculo da permeabilidade ao ar de tecidos feitos de monofilamentos. Resumo, dissertação ... Candidato de Ciências Técnicas -M -2002. -19 c.

27. Arkhangelsky N.A. Permeabilidade ao ar dos tecidos em função da sua estrutura// Trabalhos científicos. Instituto Plekhanov de Economia Nacional, 1959, 142 p.
28. Eremina N.S. Estudo da regularidade da alteração das propriedades físico-mecânicas e higiénicas do tecido a partir da sua estrutura. M., 2002.
29. Bubentsov L.V. Influência da densidade da base, da trama e da tecelagem no potencial de carga da eletricidade estática. Izv. VUZov. Tecnologia da indústria têxtil. 1978 № 11. c38-40.
30. Semak, Z.N. Influência da estrutura de tecidos de fatos de treino multifibras nas suas propriedades dieléctricas // Izv. de escolas secundárias. Tecnologia de tecidos têxteis. -1981. -№ 5. - C. 36-39.
31. Martynova A.A., Slostina G.L., Vlasova P.A. Estrutura e design de tecidos. M., RIO MGTA, -1999.-434 pp.
32. Rakitskikh V.V. Influência da trama dos tecidos de poliéster na sua recuperação após a flambagem e no valor da rigidez. M.: Nauka, 1994. -98c.
33. Alieva D.G. Designing a new assortment of fabric // J. Problems of textile. - Tashkent. - 2008. -№ 2. -C 30 - 34.
34. Kurdenkova A.V. Desenvolvimento de métodos de previsão das propriedades físico-mecânicas dos tecidos de algodão após a ação de vários factores de desgaste. Resumo, dissertação ... D. Sc. - M. 2006. 38 c.
35. Nazarova, M.V.; Fefelova, T.L. Desenvolvimento do método automatizado de conceção de um tecido para fatos-macaco através da espessura e da porosidade da superfície de um tecido (em russo) // J. Modern problems of science and education. - 2007. - № 4 - C. 104-110.
36. Damyanov G.B., Bachev C.Z. Estrutura do tecido e métodos modernos de seu design. -M. - 1984.
37. Eremina N.S. Estudo da regularidade das ondas de flexão dos fios principais e de trama em tecidos de trama simples / / Indústria têxtil. - Moscovo, 1993.-№3.-S.36-38.
38. Efremov D.E., Amarzhargalen T. Utilização da parábola na geometria do elemento tecido// Izv. of high schools. Technol. da indústria têxtil. 1989.-№5.-C.47-49.
39. Zhuraev A.T. Desenvolvimento de estruturas e tecnologia de produção de tecidos multicamadas para fins de calçado e vestuário. Resumo, dissertação de Candidato de Ciências Técnicas - São Petersburgo. - 1994.
40. Vasilchikova N.V. Conceção, estrutura e propriedades de tecidos de melange a partir de fios de lavsano-viscose: Cand. Candidato de Ciências Técnicas. Leningrado, 1968 41. Kemp A.Ah. Extensão da geometria do tecido de Pierces ao tratamento de fios não circulares "The journal of the Textile

Institute" 55/1997. -t. 66-70.
42. Rachenkov O.M. Desenvolvimento do método de cálculo dos parâmetros racionais da estrutura dos tecidos de diferentes tramas tendo em conta a tecnologia do seu fabrico: Dissertação .... Candidato de Ciências Técnicas. - M. MTI.2000.-136 p.
43. Kozmich D.I., Dianich M.M. Investigação da permeabilidade ao ar de tecidos de linho-lavsan para vestidos de fantasia. Tecnologia da indústria têxtil. Izv. vuzov, 1970, No. 5 p. 14-17.
44. GOST 12088-77 Norma interestadual de materiais têxteis e produtos têxteis método de determinação da permeabilidade ao ar
GOST 28000 -2004 Norma Interestadual de Moscovo
45. Tecidos de vestuário de pura lã, lã e semi-lã Condições técnicas gerais. Moscovo
46. Aripjanova D.U., Habibullaev D.A., Tuichiev I.I. Desenvolvimento do esquema estrutural de formação de sortimento racional no sistema "kit" de tecidos de lã e policomponentes. Vestnik nauki i obrazovanie nauchno-methodicheskogo zhurnal # 13 (49) outubro de 2018. 134 pp.
47. Scherbakov V.P. Mecânica aplicada e estrutural de materiais fibrosos. TISO PRINT, Moscovo, 2013, pp.175-180
48. R. I. Orazbaeva, D.N Kodirova, S.S Rakhimkhodzhaev, A.B Djoldasova "Utilizando as propriedades ambientais da permeabilidade ao ar para a conceção de tecidos de vestuário com propriedades específicas" IOP Conference Series: Earth and Environmental Science. AGRITECH-VI-2021 IOP Conf. Série de Conferências do IOP: Ciências da Terra e do Ambiente **981**(2022) 022035 doi:10.1088/1755-1315/981/2/022035.
49. R.I.Orazbayeva, D.N.Kadirova, S.S.Rakhimkhodjaev, L.A.Tureniyazova "Influência da torção do fio nos parâmetros de tecidos de estrutura quadrada" "Tecnologias inovadoras modernas na indústria leve: problemas e soluções" materiais da conferência científico-prática internacional Bukhara 19-20 de novembro de 2021. 60-64 б.
50. N.B. Yusupova, S.A. Khamrayeva, R. Begmanov . Possibilidades tecnológicas de obtenção de padrões de tecido na tecelagem remiz // "Fan, ta'alim va ishlab chikarish integratsilashuvi sharoitida innovatsion tekhnologii dolzarb muammolari" Respublika ilmiy - amaliy anjumani, -Toshkent, 2016, -B.159-161.
51. R.I.Orazbayeva "Innovative suit fabric" "Modern innovative technologies in light industry: problems and solutions" materiais da conferência internacional científico-prática Bukhara 19-20 de novembro de 2021 228-231b.
52. Orazbayeva R.I. Pesquisa de tecidos de vestuário respirabilidade do

principal // KorakαlpoFiston Respubliki oliy ta'lim muassasalari olimlarining ilmiy tuplami KDU Nukus. No. 4, 2021., 92-97 b. (05.00.00;№27)
53. Orazbayeva R.I., Kodirova D.N., Rakhimkhodjaev S.S., Turmanov I., Tureniyazova L.A. Kostyumbop tukimalarda ip buramlarining khavo utkazuvchanligiga ta'siri // Ilim ha'm ja'miyet NDPI Journal Nukus. No. 4, 2021., 30-32 b. (05.00.00;№37)
54. Orazbayeva.R.I., D.N.Kadirova, A.B.Zholdasova. "Kiyimbop tukimalarnining tuzili shva physic-mechanic kursatkichlari tadkiki" "KorakolpoFiston Respublikasida ishlab chikarish sanoat sohalari rivozhining dolzarb muammolari" mavzusidagi Respublika ilmiy-amaliy anjuman Nukus. 26.04.2021. 84-86 б.
55. Orazbayeva R.I., Kadirova D.N., Rakhimkhodzhaev S.S., Tureniyazova L.A., Djoldasova A.B. Tecido inovador para fatos // Koratsalpogaston Respubliki oliy ta'lim muassasalari olimlarining ilmiy tuplami KDU Nukus. No. 3, 2021., 167-170 pp. (05.00.00;№27)
56. R. I. Orazbaeva, L.Toreniyazova, D.Kadirova, R.Rakhimkhodzhaev "Investigação da torção de um fio com uma estrutura quadrada" Karakalpak Scientific Journal: Vol. 4: Iss. 2, Artigo 3. https://uzjournals.edu.uz/karsu/vol4/iss2/3 6-302021. Volume 4.
57. Orazbayeva.R.I., Tureniyazova, Sh.Musirov "Tarkibi turli hil tolalar aralashmasining matolardagi sifat kursatkichlari" "KorakolpoFiston Respublikasida ishlab chikarish sanoat sohalari rivozhining dolzarb muammolari" mavzusidagi Respublika ilmiy-amaliy anjuman Nukus. 26.04.2021. 91-93 б.
58. Orazbayeva.R.I., D.N.Kadirova "Design of garment fabrics on breathability" 6 TH MANCHESTR, ENGLAND CONFERENCE-2022. 25 de setembro W.pp.
59. R.I. Orazbayeva, A.B. Joldasova. Joldasova, A.T. Orazbaeva. Mudanças na composição completa das caraterísticas físicas e mecânicas dos tecidos costumbop // International Journal of Innovations in Engineering Research and Technology [IJIERT] ISSN: 2394-3696, Website: ijiert.org, 14 de agosto de 2020. 102-10 p.p. https://repo.ijiert.org/index.php/ijiert/article/view/223. 102-107 p.p.
60. S.A.Hamraeva, E.T.Laysheva, Z.F.Valiyeva. Mahalliy jun tolasining geometri xususiyatlarini standart usuli va akustik qurilmasi yordamida aniqlash. Toshkent - 2001.Tukmachchlik mummolari. №3. 44-46 б.
61. Yildiray Turhan, Recep Eren. O efeito das configurações do tear nos limites de tecelagem em teares a jato de ar. // Textile Research Journal Volume: 2018y. 60 issue:7, page(s): 389-404.
62. Del R.A., Afanasiev R.F., Chubarova Z.S. Hygiene of clothes: Textbook for

universities. - 2ª edição, revista e complementada - M.: Legkombytizdat, 1991. - 160 c.
63. Sayfieva M.A. Tukuv usulida badiyiy bezash asosida yangi tarkibli gazlamalar yaratish. Diss....techn. fan.nom. -Toshkent: TTESI. 2009.-1126.
64. N.B.Yusupova, N.R.Sodikova . Costumebop matolar assortment assortmentlik khususiyatlari tahlili // "Fan, ta'lim, ishlab chikarish integratsiyalashuvi sharoitida pakhta tozalash, tukimachilik, yengil sanoat, matbaa ishlab chikarish innovative technology dolzarb muammolari va ularning echimi" Respublika ilmiy - amaliy anjumani. -Toshkent, 2019, -B.87-90
65. Sklyannikov V.P., Afanasiev R.F., Mashkov E.N. Hygienic assessment of materials for clothing (Avaliação higiénica de materiais para vestuário). - Moscovo: Legkombytizdat, 1985. - 144 c.
66. Boymuratov B.H. Melhoria do processo de tempera e tensão da teia em teares sem lançadeira. Dissertação de Candidato de Ciências Técnicas - Tashkent. 2001,136 б.
67. Shumkorova Sh. P., Yuldasheva M. T., Yadgarova H. I., Begmanov R. A., Valieva Z. Influência da composição das fibras nas propriedades físicas e mecânicas dos tecidos para fatos // Young Scientist. Moscovo. 2014. - №9. -C. 235-238.
68. Martynova A.A., Starostina G.L., Vlasova N.A. Estrutura e design de tecidos: livro didático para universidades. - Moscovo: MSTU, (Programa Internacional de Educação), 1999.
69. Arkhangelsky N.A. Permeabilidade ao ar dos tecidos em função da sua estrutura// Trabalhos científicos. Instituto Plekhanov de Economia Nacional, 1959.
70. Arkhangelsky N.A. et al. Propriedades de desempenho dos tecidos e métodos modernos para a sua avaliação. Rostekhizdat. Moscovo. 1960. 475 pp.
71. N. Gokarneshan. Fabric Structure And Design. New Age International Publishers. 2004 -152p.
72. Kondratsky E.V. Dependência da permeabilidade ao ar de tecidos de diferentes estruturas na queda de pressão. Resumo da dissertação de Mestrado em Ciências Técnicas, M.: MTI, 1972.
73. Beskhelebnaya SE Desenvolvimento do cálculo de poros passantes em tecidos de tecidos principais e derivados: Cand. Sci. (Techn.) Dissertação. - M., 2004.
74. Guseinova T. S. Gestão de mercadorias de artigos de costura e de malha: manual para universidades. - Moscovo: Economia, 1991. - 287 c
75. Zhikharev A.P. Ciência dos materiais na produção de produtos da indústria ligeira. M, 2005

76. Rakhimkhodjaev S.S., Kadyrova D.N. Teoria da estrutura dos tecidos. Livro de texto. Tashkent. Adabiyot uchkunlari. 2018. - 212 pp.
77. Goryachev M. V. Desenvolvimento do método de estimativa e cálculo da permeabilidade ao ar de tecidos feitos de monofilamentos. Resumo da dissertação do candidato de ciências técnicas. M.-2002.
78. Zhernitsin Y.L., Gulamov A.E. Methodical instruction on performance of research and laboratory works on testing of textile products. Tashkent. 2007. 96 pp.
79. Kukin G.N. et al. Ciência dos materiais têxteis (tecidos e produtos têxteis). M., Legpromizdat, 1992
80. Amzayev L.A., Jumaniyozov Q.J, S.L.Matismailov. Tadqiqot uslub va vositalari. Darslik. Toshkent: G'.G'ulom. 2014-192bet.
81. Sevostyanov A.G. Métodos e meios de investigação dos processos mecânico-tecnológicos da indústria têxtil - M.: Legkaya Industriya, 1980. -392 c.
82. B.K. Behera e P.K. Hari. Woven Textile Structure. Série Woodhead Publishing em Têxteis. 2010y. 450p.
83. Raximxodjaev S.S , D.N.Qodirova To'qima loyialashning zamonaviy usullari. Darslik.-T.: Adabiyot uchqunlari. 2018-144b
84. D.T.Nazarova, N.B.Yusupova, N.Pulatov. Tukuv dastgohida sifatli tukima khosil bulishida tanda va arkok iplari tarangligining ahamiyati // "Pahta tozalash, tukimachilik, yengil sanoat, matbaa ishlab chikarish techno-technologiclarni modernisationlash sharoitida iktidorli yoshlarni innovatsionnogo foyalari va ishlanmalari" Respublika ilmiy amaliy anjumani. - Toshkent, 2018, -B.83-85.
85. R.I.Orazbayeva, Kadirova D., Zholdasova A "Análise de sortimentos de tecidos de vestuário" Abordagens inovadoras na ciência moderna *Coleção de artigos sobre os materiais da LXXIX conferência científico-prática internacional. Moscovo* outubro de 2020, № 19 (79) 107-111 b.
86. N.B. Yusupova, R.I. Orazbayeva, M.T. Shamuratov Estudos sobre a influência dos parâmetros de preparação do tear nas propriedades do tecido // Tukimachilik sanoati techno-technologi va innovatsiyalar asosida ularni rivozhlantirish (Academician M. Khozhinovaning 105 yilligiga baF.).-Toshkent, 2017,-B.397-399.
87. Orazbayeva R.I. Permeabilidade ao ar de tecidos de vestuário de tecidos principais // Ilim ha'm ja'miyet NDPI Journal Nukus. No. 4, 2021., 32-34 p. (05.00.00;№37)
88. Onikov E.A. Conceção de fábricas de tecelagem. M, Inform-Znanie, 2005, p.432.
89. https://izvolokna.com/materialy/tkani/naturalnye/rastitelnye/bambukovoe-

volokno.html
90. Kavokin S.G. et al. "Reference book on wool quality" parte II, Moscovo, L.I., 1975, pp. 388-389.
91. R.I.Orazbayeva, S.S.Rakhimkhodjaev, D.N.Kadirova, A.B.Zholdasova, L.A.Tureniyazova, D.A.Rajapova Patent. Tecido para vestuário Uzbequistão Respublika Respubliki Adliya vazirligi huzuridagi Intellectual mulk agenligi. NO. IAP 06636. 08.11.2021 й
92. Zhernitsin Y.L., Gulamov A.E. Performance of research and laboratory works on testing of textile products. M.U. Tashkent, 2007. 88 pp.
93. Orazbayeva.R.I., A.B.Zholdasova, G.Baimuratova. Kuylaklik matolarning sifat kursatkichlariga tolalar tarkibining tasiri "Korakozpogiston Respublika ishlab chikarish sanoat sohalari rivozhinning dolzarb muammolari" Respublika ilmiy-amaliy anjuman. Nukus. 26.04.2021. 86-88 б.
94. Patente UZ FAP 01488. 16.03.2020. Zhun tolasini tekislovci va yumshatuvci kurilma. Khamraeva S., Orazbayeva R., Khudaiberganova Z., Yusupova N.B., Ubaidullayeva B., Toshev A., Valiyeva Z.

Printed by Books on Demand GmbH, Norderstedt / Germany